문답으로 이해하는
전차이야기

이대진

연경문화사

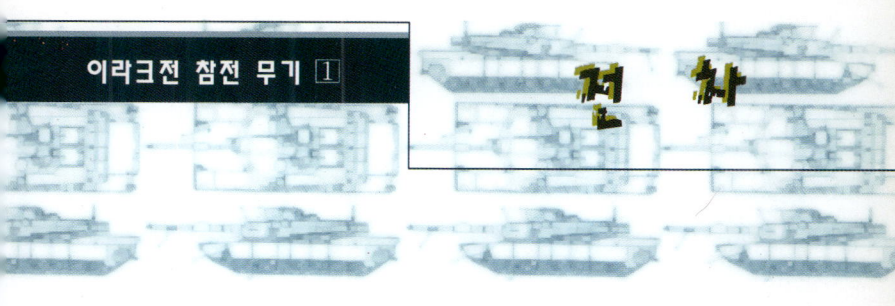

참전 주요전차

미·영 연합군	이라크
• M1A1 (미)	• T-72
• M1A2 (미)	• T-62
• M1A2 SEP (미)	• T-55
• Challenger II (영)	• PT-76

주요제원 비교

구 분		단위	K1A1 (한국)	M1A2 SEP (미국)	Challenger II (영국)	T-72 (이라크)
일반 제원	승무원	명	4	4	4	3
	전투중량	톤	53.2	57.2	62.5	42.5
기 동 력	최고속도	Km/h	65	67	56	60
	항속거리	km	400	465	450	650
	엔진출력	HP	1,200	1,500	1,200	750
화 력	주무장	mm	120활강	120활강	120강선	125활강
	탄약적재	발	32	40	64	44
	유효사거리	km	2.5	2.5	2	1.5
방 호 력	장갑형태	종류	복합	복합	복합	특수장갑
	화생방방호	유,무	집단보호	양압장치	양압장치	양압장치
	야시장비	형태	영상장비	영상장비	열상장비	적외선장비

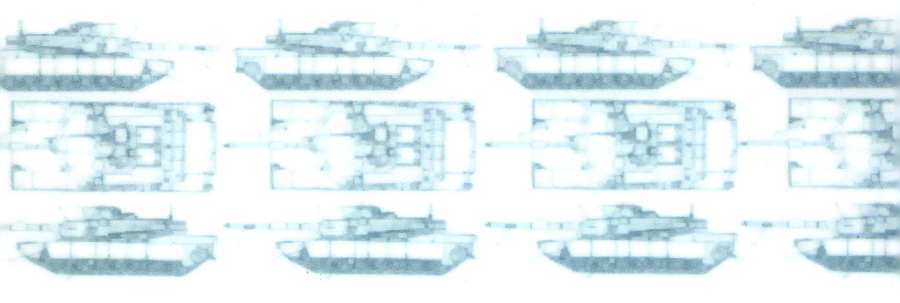

주요전차 형상 및 제원

구 분	형 상	제 원
M1A2 SEP (미국)		· 전력화 연도 : 1999년 · M1A2전차 성능개량 　- 장갑강화 　- 탄성능개량 파괴력 증가 　- 엔진성능개량 · 주포 : 120미리 활강포
Challenger Ⅱ (영국)		· 전력화 연도 : 1992년 · 치프테인전차 성능개량 　- 사격통제 장치 개선 　- 포탑/차체 장갑보강 　- 방호력 증가 · 주포 : 120미리 강선포
T-72 (이라크)		· 전력화 연도 : 1977년 · T-64 전차 성능개량 　- 지지로라식 현수장치 　- 자동장전/승무원 3명 　- 탄도계산기/적외선 장비 · 주포 : 125미리 활강포
T-62 (이라크)		승무원 : 4명 · 주무장 : 115mm 주포, 기관총 · 항속거리 : 451Km

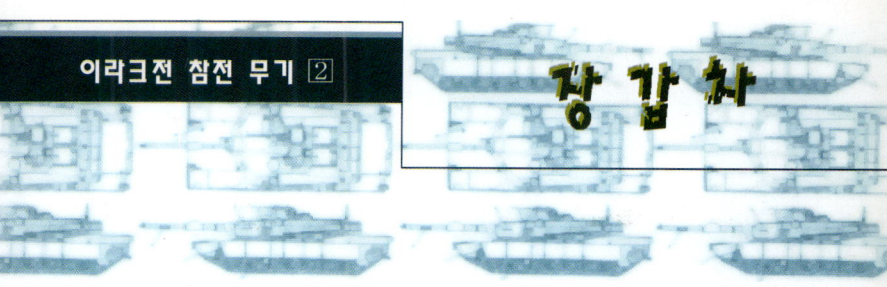

장갑차

참전 주요 장갑차

미·영 연합군	이라크
• M2A3 Bradley (미)	• BMP-1
• Warrior (영)	• M-60P
• Light Armored Vehicle (미)	• BTR-152
• Saxon (영)	• BTR-60

주요제원 비교

구 분		단위	M2A3 (미국)	Warrior (영국)	BMP-1 (이라크)
일반 제원	탑승인원	명	3+7	3+7	3+8l
	전투중량	톤	30.4	31.5	13.5
기 동 력	최고속도	Km/h	61	75	65
	항속거리	km	400	500	550
	수상속도	Km/h	6.4	불가	7
화 력	주무장	mm	25	30	73
	부무장	mm	7.62	7.62	7.62
	대전차무기		TOW	미장착	미사일
생 존 성	전면방호력	mm	30	30	19
	화생방방호		양압장치	양압장치	양압장치
	적위협경고		장착추진중	미장착	미장착

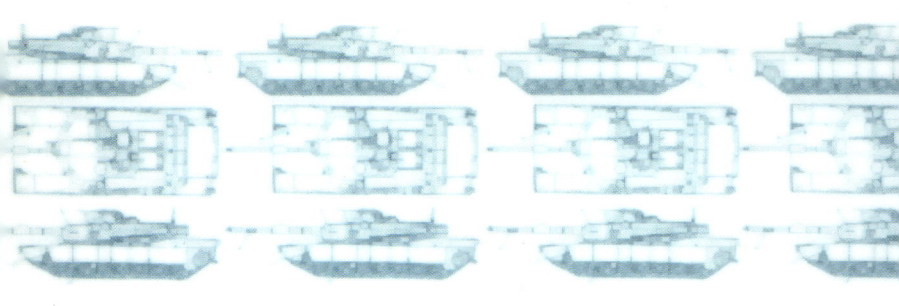

주요장갑차 형상 및 제원

구 분	형 상	제 원
M2A3 Bradley (미국)		· 탑승인원 : 10명(3+7명) · 무장 : 25미리 기관포, 7.62미리 기관총, 2연장 토우발사기 · 엔진 출력 : 600마력 · GPS, 차량항법장치, 피아식별기, 열영상장비 장착
LAV-25 (미국)		· 무장 : 25mm 기관포, 7.62mm기관총 · 승무원 : 9명(3+6명) · 전투중량 : 12.8t · 최고속도 : 100km/h · 항속거리 : 668km
Warrior (영국)		· 탑승인원 : 10명(3+7명) · 무장 : 35미리, 7.62미리 기관총 · 엔진 출력 : 650마력
BMP-1 (이라크)		· 탑승인원 : 11명(3+8명) · 무장 : 73미리 활강포, 30미리 기관포, 7.62미리 기관총 · 엔진 출력 : 550마력

머 리 말

전차에 관심을 가지고서부터 전차에 관련된 내용들은 마치 할머니가 어렸을 적 들려주었던 옛날 이야기처럼 그저 재미있기만 했다. 그러면서 모아둔 자료가 차곡차곡 쌓이고, 이 자료를 언젠가는 정리해야 하겠다는 생각을 했었는데 그 기회가 빨리 온 것 같다.

전차에 관련된 자료들을 정리하면서 나름대로 몇 가지 뜻하는 바가 있었다.

첫째, 전차 관련 용어들이 동일한 내용임에도 불구하고 서로 다르게 사용되고 있어, 이를 군에서 사용하는 용어로 통일하고 싶었고

둘째, 전차관련 각종 사이트를 열어보면서 자주 등장하는 질문들을 정리하여 전차에 대한 의문을 해소하고 싶었으며

셋째, 전차 관련 각종 책자들 중 상당수가 외국자료를 번역한 것이 많아 이를 우리 관점에서 풀어쓰고 싶었으며

넷째, 각종 자료들을 숫자화하여 명확하게 제공하고

다섯째, 무기와 관련한 상식적인 내용을 포함하여 나름대로 재미있게 쓰고 싶었다.

기갑에 관심있는 누구나가 재미있게 읽어볼 수 있도록 문답식으로 구성하고, 다소나마 지루함을 해소하기 위해 주위에서 보기 힘든 사진들을 수록하였다.

비록 전차에 대해 많이 알고 있는 것은 아니지만 거의 20년간 관심있게 보아왔고, 전차부대 야전생활과 전차관련 부서에 근무하면서 얻은 짧은 지식들을 정리하여 전차에 대해 공학적으로, 전술적으로, 상식적으로 접근하려고 노력했으며 초보자부터 전차에 대해 어느 정도 지식이 있는 사람까지 공감할 수 있도록 노력하였다.

또한 관점에 따라 전차의 세대구분 같은 분야는 다른 시각도 있을 수 있으며 K-1전차가 국산전차인가? 하는 분야와 전차개발방향은 순수한 개인의 입장임을 다시 한번 밝혀둔다.

이대진

2003. 4

제1차 세계대전

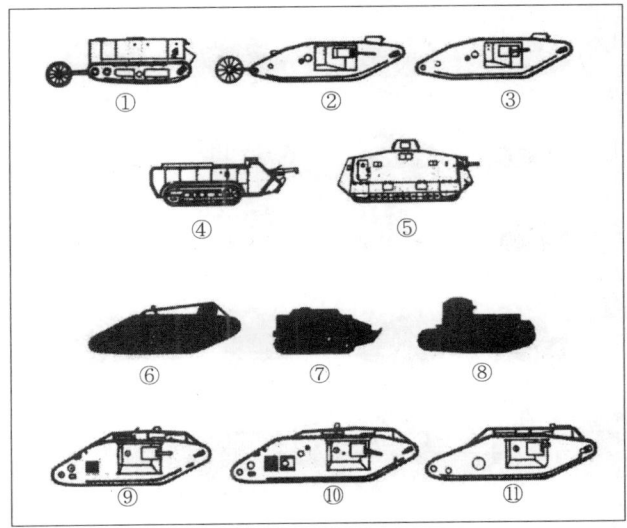

①영국 리틀윌리, 28톤 ②영국 MK I (Mother), 57미리, 28톤 ③영국 MK II & III(Male), 57미리, 28톤 ④프랑스 St.Chamond, 75미리, 25톤 ⑤독일 A7V, 57미리, 33톤 ⑥영국 MK IV(Male), 57미리, 28톤 ⑦프랑스 Schnerder CA1, 75미리, 8영국 Med MK A, Whippet, 기관총, 14톤 ⑨영국 MK V(Male), 57미리, 29톤 ⑩영국 MK V(Male), 57미리, 34톤 ⑪영국 MK VII(Male), 57미리, 33톤

"최근의 전투에서 적은 치명적인 새로운 무기를 운용했다."
   - 1916년 독일군 제3집단군 참모장

제2차 세계대전

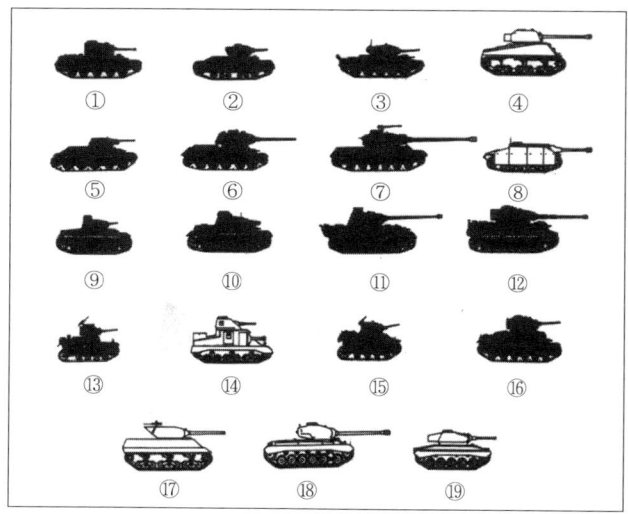

①영국 Cromwell, 57미리, 28톤 ②영국 MK Ⅳ 40미리, 17톤 ③영국 MK Ⅵ, 40미리, 19톤 ④영국 M4 "셔만" 76.2미리, 35톤 ⑤소련 T-34/76, 76.2미리, 28톤 ⑥소련 T-34/85, 85미리, 32톤 ⑦소련 JSⅡ "스탈린" 122미리, 46톤 ⑧독일 Stu.G Ⅲ, 76미리, 24톤 ⑨독일 Pzkpfw Ⅲ(D), 37미리, 20톤 ⑩독일 Pzkpfw Ⅳ(D), 75미리, 19톤 ⑪독일 Pzkpfw Ⅴ(G), 75미리, 46톤 ⑫독일 Pzkpfw Ⅵ "타이거"(E) 85미리, 55톤 ⑬미국 M3A1 "Stuart" 37미리, 14톤 ⑭미국 M3A5 "Lee" 75미리, 33톤 ⑮미국 M5A1, 37미리, 17톤 ⑯미국 M4A4 "셔만" 75미리, 36톤 ⑰미국 M10A1, 76.2미리, 31톤 ⑱미국 M26 "퍼싱" 90미리, 46톤 ⑲미국 M24 "채피" 75리, 20톤

"기계화부대의 주요임무는 보병과 포병을 공격하는 것이다. 적 후방지역은 기갑부대에게 좋은 사냥장소로서 모든 수단을 이용하여 적의 후방으로 기동하라." ─ 죠지 패튼장군

한국전쟁

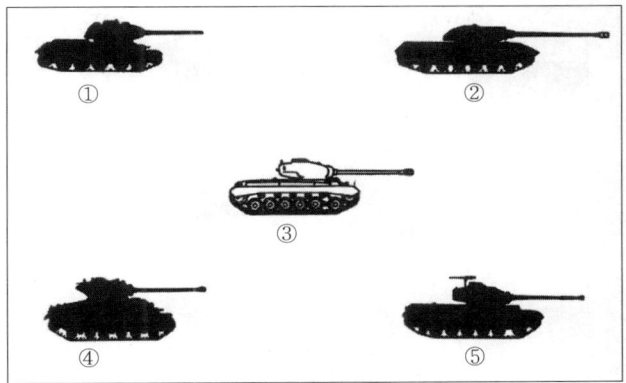

① 소련 T-34/85, 85미리, 32톤
② 소련 JSⅡ "스탈린" 122미리, 46톤
③ 미국 M26 "퍼싱" 90미리, 46톤
④ 미국 M4A3E8 "셔만" 75미리, 37톤
⑤ 미국 M46, 90미리, 45톤

"우리는 인천에 상륙했으며 적을 격멸할 수 있었다."
　─1950년 8월 23일, 더글러스 맥아더 장군

베트남전

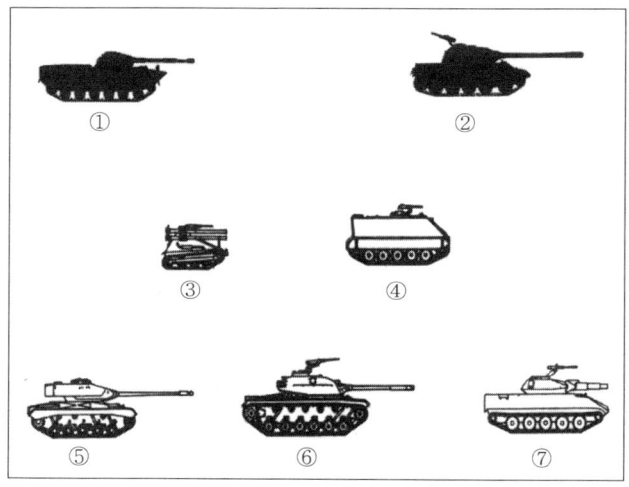

① 소련 PT-76, 76미리, 16톤
② 소련 T-54, 100미리, 36톤
③ 미국 M50 "온토스" 106미리 무반동총, 9톤
④ 미국 M113, 수륙양용, 11톤
⑤ 미국 M41 "Walker Bulldog" 76.2미리, 25톤
⑥ 미국 M48, 90미리, 48톤
⑦ 미국 M551 "Sheridan" 152미리, 16톤

"몇몇 해안지역을 제외하고 전차 운용이 제한되었지만 기계
화보병의 운용은 용이했다" − 1965년 웨스트모어랜드 장군

중동전

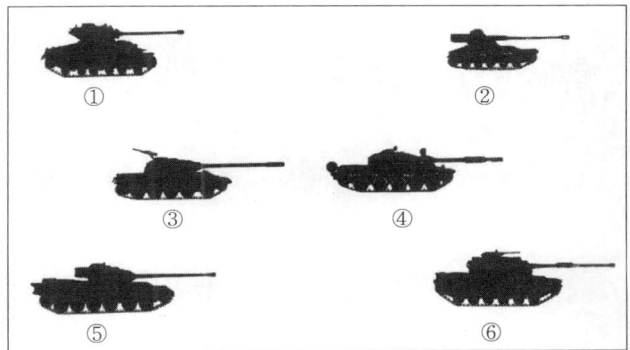

① 미국 M4A3E8 "셔만" 75미리, 37톤
② 프랑스 AMX13, 75미리, 15톤
③ 소련 T-54, 100미리, 36톤
④ 소련 T-62, 115미리, 40톤
⑤ 영국 "센튜리온" MK3, 83.4미리, 50톤
⑥ 미국 M60, 105미리, 51톤

"전차는 전투의 꽃이다." - 10월 전쟁후, 이스라엘의 어느 장군

⇧ Chimpanzee 계곡에 나타난 MK I 전차(1916년)

⇧ 첫 번째 탱크전(1918. 4. 24) Villers Bretonneux. 참호속의 1보
병대대 병사들과 MK IV 전차

⇧ 캄브라이 남쪽을 공격하는 연합군 전차(1918. 10. 8)

⇧ 캄브레이 전투에서 독일군 전선을 돌파하는 전차부대(상상도)

⇧ 보전협동으로 방어지역을 강화하는 독일군

⇧ 공포의 88mm포(대공 및 대전차용으로 사용)

⇧ 프랑스 사단의 주요장비 Char B. 중장갑 방호와 포탑
   에 장착된 47mm포와 차체의 75mm 곡사포

⇧ 지뢰지대를 개척하는 셔만전차

⇧ M-24 전차위에서 사격중인 미군

⇧ 미 1해병여단 M-26 전차탄에 명중되어 불타는 T-34전차(1950년, 8월)

⇧ 시나이반도로 부대이동을 실시하는 이스라엘 전차부대

⇧ 파괴된 이집트 T-34전차와 병사(시나이반도)

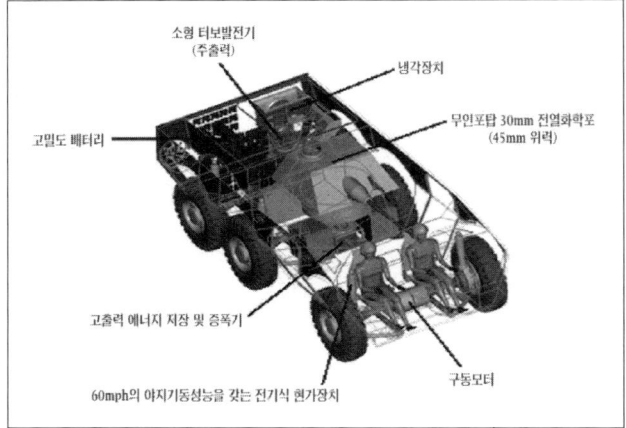

소형 터보발전기
(주출력)

냉각장치

고밀도 배터리

무인포탑 30mm 전열화학포
(45mm 위력)

고출력 에너지 저장 및 증폭기

60mph의 야지기동성능을 갖는 전기식 현가장치

구동모터

⇧ 중기(2010년 야전배치 예정)

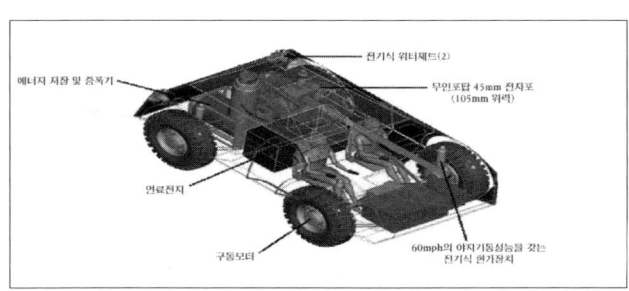

에너지 저장 및 증폭기

전기식 워터제트(2)

무인포탑 45mm 전자포
(105mm 위력)

연료전지

구동모터

60mph의 야지기동성능을 갖는
전기식 현가장치

⇧ 장기(2025년 야전배치 예정)

I

전차의 역사 및 발전과정 · 31

전차설계 · 73

기 동 력 · 93

화 력 · 115

방호력(생존성) · 163

편성 및 운용 · *183*

기 타 · *199*

I

전차의 역사 및 발전과정

1. 전차의 기원은 ?

전차의 기원은 기원전 시리아와 이집트 등에서 사용되던 말이 끌던 전차였을 것이다. 이 전차는 동력을 제공하는 말에 대한 방호가 약하였으나 수많은 전쟁에서 훌륭한 역할을 수행하였다. 어쨌든 이 전차는 기동력을 가짐으로서 적을 강타할 수 있는 최초의 차량이었다고 할 수 있다.

중세에는 움직이면서 사격할 수 있는 전투차량과 같은 설계가 나타났고 이 중 몇 가지는 실제 전장에서 선을 보였지만 일단 전투가 시작되면 장거리 이동을 하지 못하는 한계가 있었으나, 증기기관시대가 개막되면서 기동성을 가진 방호된 차의 개념이 활기를 띄게 되었고, 19세기말 내연기관이 등장하고 나서야 비로서 현대전차의 틀을 갖추기 시작하였다.

[그림 1] 원시적인 초기형태 전차

전차개발의 일화로 1769년 프랑스의 Cugnot가 증기기관에 의해 움직이는 웨건을 전쟁목적으로 설계하였으나, 웨건 실험 중 사고로 부숴진 벽을 배상해 주지 못하게 되자 Cugnot가 수감됨으로서 최초이자 마지막 실험이 되고 만다. 그렇지만 이 실험을 통해 증기기관이 동력을 제공할 수 있음을 보여 주었다.

2. 전차궤도의 탄생 배경은 ?

증기기관을 탑재한 초기 실험시 도로에서의 실험은 엔진자체가 너무 무겁고 석탄과 물을 같이 실어야 했기 때문에 지반이 중량을 견디지 못함으로서 바퀴를 개량하여 접지압을 분산할 필요성이 대두되었다. 고려되어진 여러 방법 중에서 가장 효율적이었던 것은 바퀴외곽에 짧은 널판지를 대어 마치 무한궤도 같은 형상을 한 것이었다. 이 방법은 효과가 있어 이를 응용한 무한궤도가 현재의 전차까지 사용되고 있다.

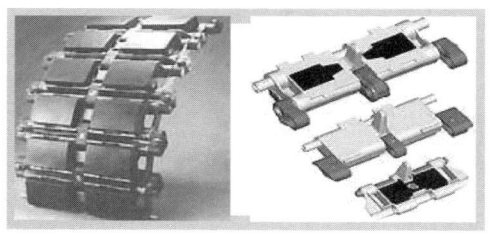

[그림 2] 궤도의 형상

3. 세계 최초의 전차는?

세계 최초의 전차는 1915년 11월에 개발된 "Little Willie"로서, 이 전차는 1914년 영국이 스윈턴 대령을 프랑스 전선에 파견한 데서 비롯된다. 스윈턴 대령은 전선이 참호에 의해 교착된 전선을 타

개할 수 있는 장비를 요구하였고 장비의 주요 요구성능은 적의 기관총진지를 무력화시키고 야지와 참호를 돌파하며 흙으로 구축된 장애물을 극복할 수 있는 능력을 갖춘 것이었다.

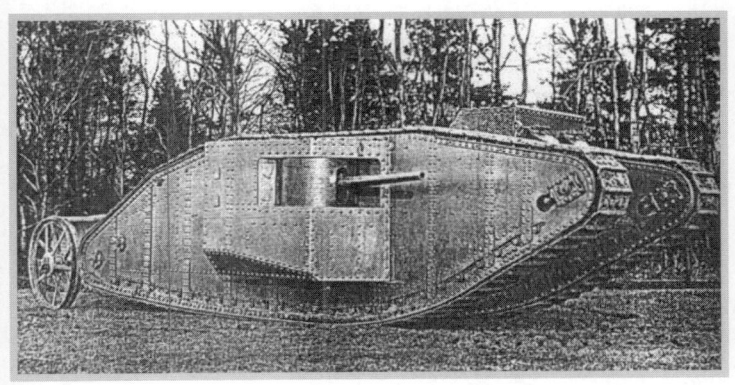

[그림 3] Big Willie(상)와 독일 최초 전차 A7V(하)

리틀윌리는 새로운 아이디어를 창출해 내는 유용한 시험용으로 사용되었으며 전투에 투입될 전차 조종수를 훈련시키는데 사용되었다. 그 당시 스윈턴의 세부적인 요구조건은 적의 기관총탄을 막아내고 8피트의 참호와 5피트의 장애물을 돌파하고, 6파운드 포로 무장되며, 시속 4마일의 기동속도를 갖는 장비로 그 후속 개량형이 개발되어 Centiped, Big Willie로 불려졌다.

4. 탱크란 용어를 사용한 기원은 ?

제1차 세계대전 당시 영국이 비밀리에 개발한 장비의 보안을 유지하기 위한 암호명으로 "Water Tank"라고 부른데서 유래되어 지금까지 Tank라 불려지고 있다.

5. 전차가 최초로 운용된 전투는 ?

전차가 최초로 운용된 전투는 영국군이 제1차 세계대전 당시 49대의 마크 I 전차를 운용한 솜므전투(1916. 9. 15)이다. 그 당시 마크 I 전차는 비밀리에 설계 제작되어 전장으로 운반되어 졌기 때문에 이것을 사용하게 될 부대조차도 이 전차에 대해 거의 모르고 있는 상태였다고 한다. 이 새로운 장비에 대한 운용 경험이 없는 영국군은 많은 어려움이 있었으나 이러한 전차에 대한 정보를 접하지 못한 독일군에게 심리적 기습을 달성할 수 있었다.

그 당시 독일의 첩보 기관이 영국, 프랑스 또는 연합국 내에서 활발히 활동하고 있었음에도 불구하고 영국이 이 전차 제작계획을 19개월이나 진행하였다는 사실을 고려해 볼 때 전차의 개발, 제작,

이동이 얼마나 비밀리에 수행되었는지 짐작할 수 있다.

이 전투에서 전차는 비교적 좁은 정면에 집중 운용되지 않고 59 대의 전차를 4개의 집단으로 분리하여 제14군단에 17대, 제15군단에 17대, 제3군단에 8대, 제5군단에 7대, 나머지 10대의 전차는(기계적인 결함으로 인하여) 지상군 예비로 분산 운용되었다.

이 전투에 참가한 49대의 전차 중 공격개시선에 도착한 것은 32 대 뿐이었고 다른 17대의 전차는 기동 불능이거나 기계적으로 파손되었다. 32대중에는 기계적 결함으로 지연된 것이 9대이고 또 다른 9대는 공격개시 시간에 보병과 함께 기동하지 못했으며 5대는 공격간에 파괴되어 결국 9대만이 완전한 임무를 수행한 셈이다.

전차가 참가한 최초전투인 솜므전투에서 시험적 전차운용은 커다란 성공은 거두지 못했으나, 전차운용개념에 대한 실험을 통해 그 가능성을 인정받았다고 볼 수 있다.

[그림 4] 철조망 지대를 통과하는 전차

6. 역사상 가장 무거운 전차는 ?

제2차 세계대전 중 독일에 의해 개발된 Maus는 지금까지 개발된 전차 중에서 가장 크고 무거운 전차로 알려져 있다. 공식명칭은 Panzerkampfwagen Maus / Porsche 205이며, 총 생산대수는 시험용으로 제작된 2대로 1944년~1945년까지 제작된 것으로 알려져 있으며 그 제원은 다음과 같다.

전투중량	188톤	엔진	1080마력 디젤
주무장	128mm 55L	적재탄	32발
부무장	75mm 36.5L	최대시속	20km
전폭/전고/전장	3.67/3.66/10.09m		
전면/측면/후면/상부장갑	240/180/180/40~100mm		

마우스전차는 당시 重전차무게의 약 6배 정도로 시험용으로 제작되었을 뿐 전투에 참가한 기록은 없다.

[그림 5] 세계 최대중량의 마우스전차

7. 세계 최대의 전차전은 ?

1943년 초여름 독일군 전차 1,300대 소련군 전차 7,100대, 총 8,400대가 격돌한 쿠르스크(kursk) 전투로서 소련군의 종심방어전술이 효과를 발휘함으로서 독일군이 패하게 된다.

8. 전차 승무원의 수는 어떻게 변화되어 왔는가 ?

전차 승무원의 수는 전차의 발달과 함께 감소되어 가고 있다. 제1차 세계대전 때의 Mark I 전차는 8명의 승무원을 필요로 하였으나 제2차 세계대전 때에는 5명이 표준이었다. 최근의 전차는 5명의 승무원중 전방사수를 뺀 전차장, 조종수, 포수, 탄약수로 구성되었으나 포탄의 중량증가와 높은 발사속도로 인해 자동장전장치가 장착됨으로서 승무원은 3명으로 구성되는 추세에 있다.

9. 전차의 종류는 ?

전차를 구분하는 것은 큰 의미가 없지만 구분한다면 크게 전차와 이를 지원하는 지원전차로 구분할 수 있을 것이다. 전차도 세부적으로 무게 또는 용도에 따라 구분되고 무게에 따라 경, 중(中), 중(重)전차로 구분되는데 현대의 주력전차는 중(重)전차에 포함되며 용도에 따라 정찰전차, 공정전차, 구축전차로 구분될 수 있다. 한국에서 운용중인 전차는 M-47, M-48계열, K-1계열과 불곰사업으로 러시아에서 도입된 T-80U[1]와 지원용구난전차와 교량전차가 있다.

---

1) U는 영어 "improved"에 해당되는 러시아어 약어

[그림 6] K-1 차체를 사용한 교량전차(AVLB)(상)와 이 위를 통과하는 K-1전차(하)

10. 전차를 세대별로 구분하는데 그 분류기준은?

전차를 구분하는 방법은 나라마다, 우리 나라에서도 전문가마다 각기 다른 의견을 가지고 있다. 여기서는 그 기준을 육군본부에서 발행한 "세계의 주력전차와 장갑전투차량"을 기준으로 분류하였다.

가. 1세대 전차

제1세대 전차는 제1차 세계대전 직후부터 1950년대에 개발된 장비로 그 중에는 대전 중에 실전에 참가하였던 전차도 있다.

[그림 7] 한국전에 참전한 북한의 T-34 전차

제1세대의 MBT[2]는 대전중의 교훈을 거울삼아 다음과 같은 특징을 갖추고 있다.

① 중(重)전차에 버금가는 화력(90mm 포)

② 중(中)전차의 중량 허용 범위 내에서 방호력 향상

③ 합리적인 차체 설계

④ 비교적 높은 기동성

이에 해당하는 전차는 소련 MBT의 원조라고 할 수 있는 T-34/85전차는 T-34 중(中)전차의 개량형으로 주포 76mm를 85mm로 변경하였고 1944년 봄부터 배치되어 대전 후에도 생산을 계속하였으며 한국전쟁에서도 활약하였다. 미국은 M-26 Pershing 중(重)전차<전후에 중(中)전차로 등급 변경>를 기본으로 엔진과 밋숀을 근대화한 M-46 Patton 중(中)전차가 해당된다. 이 M-46전차는 한국전쟁 당시 M-4 Sherman과 함께 T-34/85전차와 전투를 실시한 바 있다.

나. 2세대 전차

제2세대 MBT는 제1세대 전차보다 화력과 기동력을 크게 향상시켰으며 구체적으로 화력면에서는

① 100m급의 주포와 신형 포탄 APDS(분리철갑탄)탄 사용

② 포 안정장치, 탄도계산기 도입 또는 거리측정시스템의 개량에 의한 사격통제시스템의 능력 향상

③ 야간전투시스템(적외선, 미광 증폭식 야시장비 등)을 추가하였다.

---

2) MBT는 Main Battle Tank의 약자로 주력전차를 의미한다.

기동력면에서는

① 디젤 엔진, 신형 현수장치(토숀바, 유압식)에 의해 속도, 기동 거리 및 주행성능을 향상시켰고, 다종 연료를 사용 할 수 있 게 되었다.

② 스노클(Snorkel)에 의한 도하 능력을 부여하였다.

[그림 8] T-54 전차

그 외 NBC(핵, 생물, 화학무기) 방어능력이 구비되었으나, 방호 력면에서 NBC 능력을 제외하면 큰 진보는 보이지 않았으며 오히 려 이 기간 동안 출현한 대전차미사일로 인해 보병 한사람에 의해 전차가 파괴 될 수 있는 위기에 봉착하였다.

2세대 각국 전차는 소련의 경우 피탄성을 향상시키기 위하여 둥 근 계란모양의 포탑에 100mm포를 장착한 T-54를 1949년부터 생 산하였고 이어서 그 개량형인 T-55를 실전 배치하였다. 1964년부터 배치된 T-62는 T-54/55를 기본으로 115mm 활강포를 탑재하였고 약 15,000대가 생산된 것으로 추정된다.

미국이 1953년에 실전 배치한 M-48 Patton은 M-46전차의 개량형인 M-47전차를 재 설계한 것으로 90mm 주포를 탑재한 과도기적인 전차라 할 수 있다. 진정한 2세대 전차는 105mm 주포를 탑재하고 새로운 사격통제 시스템 등을 구비한 M-60전차로서 1961년부터 배치되었다. M-48전차는 1965년 이후 105mm포를 장착하는 개량사업을 실시하여 A4, A5가 배치되었으나 미국의 경우 도태되었고, 한국과 대만 등에서는 현재도 운용하고 있다.

M-60전차의 경우 제3세대 M1 Abrams전차의 장비를 일부 장착한 A3형의 생산이 1982년까지 계속되었으며, 종래의 M-60A1전차도 A3로 개량하여 1990년 중반까지 M-1전차와 함께 사용되었다.

프랑스의 AMX 30, 서독의 Leopard 1, 스위스의 Pz61 및 Pz68, 스웨덴의 S탱크, 일본의 61식 및 이스라엘의 Centurion처럼 엔진과 무장을 개량, 재생하여 제2세대 전차 수준까지 성능을 향상시킨 경우도 많다.

다. 3세대 전차

1970년대 후반부터 본격적인 제3세대 MBT의 연구개발이 시작되었다. 제3세대 MBT는 제2세대 MBT에 비해 보다 많은 기술 도입을 하고, 전자제품이 차지하는 비율이 높아졌고 제2세대에서는 상대적으로 외면되었던 방호력이 크게 발전되었다.

전체적으로 제3세대 전차의 특징은 화력면에서

① 120m급의 활강포와 이에 적합한 APFSDS[3]탄 채택
② 반자동 또는 자동장전시스템 채택에 의한 차내 체적 절약과 승무원 수 감소(4명에서 3명으로)
③ 다양한 사격제원 입력(측풍, 기압, 온도 등) 가능한 IC 기술의 사격통제시스템 채택
④ 야시장비시스템에 의한 야간전투능력 향상

기동력면에서
① 경량·고출력 엔진의 채택

방호력면에서
① 복합장갑, 공간장갑(Space Armament) 기술의 채택
② 피해제어(Damage Control)를 고려한 차내 배치 및 차내 시스템의 설계

또한 장차 개조 및 개량에 대비하여 공간이라든가 기능에 융통성을 부여할 수 있도록 설계했다는 것도 제3세대 전차의 특징으로 되어 있다.

[그림 9] T-80U 전차

---

3) Armor Piercing Fin Stabilized Discarding Sabot : 날개안정분리철갑탄

라. 잠정세대(3.5세대)

잠정세대 또는 3.5세대 전차로 일컬어진다. 이 전차는 기존 3세대 전차의 아날로그방식을 디지털방식으로 성능 개량한 전차로 실시간 정보지원이 가능한 차량전자화 기술을 적용하였다. 이 3.5세대 전차는 FCS(Future Combat System : 미래전투체계)가 도입되기 전까지 각국의 주력전차로 활약할 것으로 판단되며 미국의 M1A2, 프랑스의 Leclerc 전차 등이 포함된다.

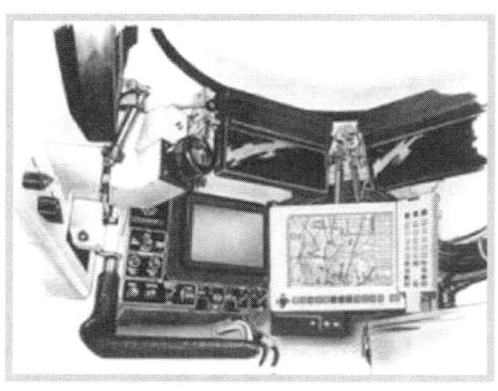

[그림 10] 대표적인 3.5세대 전차 Leclerc(상) 과 M1A2 내부(하)

11. 각 국가별 전차의 특징은 ?

전차는 화력, 기동력, 방호력을 갖춘 무기로서, 이중 어느 하나라도 미흡한 분야가 있다면 그 전차는 원활한 성능을 발휘하지 못하게 될 것이고 어느 부분에 중점을 두고 설계에 반영하느냐는 전차의 특징을 구분 짓는 중요한 요소가 되었다. 전통적으로 동구권은 공격위주 사상을 가지고 있어 화력에 치중하는 경향이 있었고, 서구권은 기동성 중심의 전차를 이스라엘 같은 특수한 상황에 처해 있는 국가는 방호력을 강화하는 등 각 국가별 특수성을 반영하여 설계를 하고 있다. 최근에는 각국 공히 생존성을 염두에 두고 설계하고 있으나 생존성 향상을 위한 장갑증가는 한계에 봉착해 있으므로 전차의 기동성을 향상시킴으로서 전차의 생존성을 향상시키려는 노력을 하고 있다. 즉 톤당 마력을 향상시킴으로서 전차의 가속성을 증대시켜 민첩하게 기동함으로서 전차의 생존성을 향상시키려 하고 있다. 「그림 11」은 각국의 기동성과 방호력과의 상관관계를 나타낸 것이다.

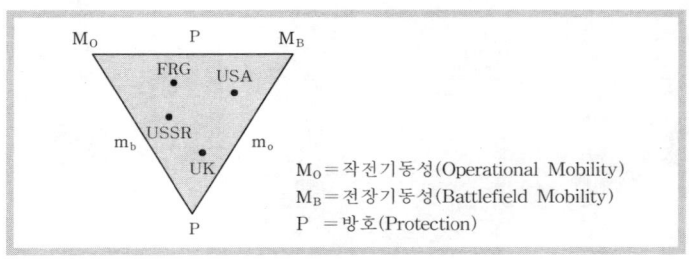

[그림 11] 각국의 기동성과 방호력과의 상관관계

12. 각 국가별 주력전차는 ?

제1차 세계대전시 전선이 참호전에 의해 교착상태에 빠진 것을 타개하고자 개발된 세계 최초의 전차 "Little Willie"가 1915년 11월에 개발된 이후 세계 각국은 고유 전차를 개발하여 주력으로 내세우고 있다. 각국의 대표적인 주력전차를 살펴보면 다음과 같다.

가. 한국 (K1A1전차)

한국의 K1A1전차는 K-1전차를 개량한 것으로 K-1전차에 비해 기동력은 동일하나 화력면에서 120mm 주포를 장착함으로서 관통력은 1.9배, 전투사거리는 1.5배 증가하고 열영상 전차장조준경을 장착함으로서 야간전투력을 향상시켰다.

[그림 12] K-1전차

이 전차는 3세대 전차로서 1990년대에 개발을 시작하여 기동전의 주력 장비로 운용하기 위하여 기계화부대에 배치, 운용되고 있으며, K-1전차와 유사하나 외형과 내형 13가지를 국산화 또는 성능 개량하였다.

특히 K1A1전차는 K-1전차 개발시 기술도입 생산한 외국기술을 순수한 국내 기술로 전환하여 개발하였고, 전차포 구경이 증대됨에 따라 탄약의 무게를 최소화하기 위해 사격시 탄피가 포구 내에서 완전 소멸하는 소진 탄피를 적용한 전차로서 러시아의 T-80전차, 미국의 M1A2전차, 프랑스의 Leclerc 전차, 독일의 LeopardⅡ TVM 전차와 유사한 성능을 갖고 있다. 향후 K1A1 전차를 개발한 기술력을 바탕으로 사거리가 증대되고, 자세제어 및 자동장전장치, 실시간 자료공유, 능동방호시스템을 갖춘 차기전차를 개발할 예정이다.

세부 제원은 다음과 같다.

전투중량	54.5톤	승 무 원	4명
최고속도	65km/H	무 장	120mm 활강포
적재발수	32발	항속거리	437km
엔진/출력	1,200마력	등판능력	60%

나. 미국 (M-1 계열전차)

M-1 Abrams 전차는 미 육군과 해병대의 주력 전차로 LeopardⅡ 전차보다 1년 늦은 1980년부터 배치되기 시작하였으며, 그의 변형 모델들은 Desert Shield와 Desert Storm작전을 통하여 전 세계에서 가장 우수한 전차임이 입증되었다.

이 전차는 1973년 중동전에서의 대전차전 결과를 반영하여 개발되었으며 최초에는 105mm 주포를 탑재하였으나 차후 120mm 주포로의 교환을 고려하여 설계되었다.

실제 1985년도부터 120mm 주포를 탑재한 M1A1을 생산하였다. 4명의 승무원은 포탑과 엔진 사이의 장갑 차단벽 등의 방호장갑에 의해 보호되며 새로운 장갑을 장착한 탱크는 1988년부터 생산되기 시작했으며 현재는 M1A2 SEP으로 개량작업이 진행중이다. 이 중에서 M1A2전차는 M-1, M1A1 전차를 성능개량한 전차로 주요 성능개량 분야는 2세대 열영상 적용, 고해상 전시기 적용, 지휘통제 기반구조 보강, APU(보조동력장치) 장착, 대용량 고속 메모리 등을 추가하였다.

[그림 13] M1A1 전차

M-1계열 전차는 부무장으로 7.62mm기관총, Cal 50 기관총이 장착되어 있으며, 깊은 물도 건널 수 있는 Deep Water Fording Kit, 위치보고 시스템 (Position Location Reporting System), 연료절약장치인 Digital Electronic Control Unit 등을 장착하고 있다.

세부 제원은 다음과 같다.

구 분	M-1	M1A1	M1A2
승무원(명)	4	4	4
전투 중량(톤)	54.5	57.1	63.1
톤당 출력(마력)	27	26.2	23.8
주포 구경(mm)/형태	105/강선포	120/활강포	120/활강포
탄약 적재 발수	55	40	40
주포/포탑 구동	전기 유압식		
현수장치	토션바		
거리 측정 방식	레이저		
야간 사격 방식	열상포수조준경	열상포수조준경	열상포수조준경, CITV
NBC 방호	불가능	가능	가능
배치 년도	1980	1985	1992
주포 안정장치	2축		
등판 능력(도)	60		

참고적으로 M-48, M-60계열 전차의 계열별 개량 년도는 다음과 같다.

※ M48계열

M48 ⇒ M48A1 ⇒ M48A2 ⇒ M48A2C ⇒ M48A3 ⇒ M48A5
1952   1954   1955   1959   1963   1975

※ M 60계열

M60 ⇒ AM60A1 ⇒ M60A2 ⇒ M60A1 Rise ⇒ M60A Rise/Passive
1959   1968   1973   1975   1977

⇒ M60A3 ⇒ 생산중단
    1978   1982

다. 러시아 (T-90전차)

T-90전차는 화력, 기동력, 방호력이 보강된 러시아 T시리즈 전차의 최신모델로 러시아 연방의 Nizhnyi Tagil사 제품으로서 3가지 유형을 갖고 있다. 즉 수출형인 T-90S형, 자국의 채택형인 T-90형, 지휘형인 T-90SK형이 있다.

T-90S전차의 주포는 125mm 활강포로 APDS, HEAT, HE-FRAG 탄 등을 사용할 수 있으며, 주포를 이용하여 대전차 유도탄을 발사할 수 있다. 이 미사일은 (폭발형)반응장갑을 장착한 전차나 헬리콥터와 같이 낮은 고도에서 저속으로 비행하는 공중 목표물의 파괴용으로 사용된다. 미사일 유효사거리는 100m～4,000m로 최대 사거리까지 도달 시간은 11.7초이다.

기타 화기로 공축기관총인 7.62mm PKT 기관총과 대공용인 12.7mm 기관총이 장착되어 있다.

방호력면에서 T-90S는 T-90, T-80U, T-80UM, T-84, T-72등에도 사용되고 있는 Kontakt-5 폭발형 반응장갑을 장착하고 있다. 또 T-90S에 능동방호 시스템을 장착하여 레이저 유도무기에 의한 피탄율을 20～30% 감소시켰다.

이 시스템은 주포의 좌우측에 하나씩 장착되는 두개의 전자광학 적외선 재머, 포탑의 상부에 장착되는 4개의 레이저 경보 수신기로 구성된 레이저 경보세트 그리고 레이저와 열영상조준경을 무력화 할 수 있는 능력을 갖춘 연막 발생기, 컴퓨터화 된 컨트롤 시스템으로 구성된다. 사격을 위해 풍속측정기, 1.2～1.5km까지의 목표식별 범위를 가진 영상기로 구성되어 있다.

그러나 전반적인 성능은 나토장비에 비해 많이 뒤떨어져 있다고 평가받고 있다. 특히 현대 전차들에 필수 장비인 디지털 방식의 탄도계산기, 포수조준경, 레이저 거리측정 장비 등 전자기술 분야와 방호능력도 M-1전차나 레오파드Ⅱ전차 등에 비해 뒤떨어지는 것으로 알려져 있다.

[그림 14] T-90전차

세부제원은 다음과 같다.

전투중량	46.5톤	톤당 출력	18.68마력
참호 통과능력	0.5m	승무원	3명
최고 속도	60km/h	무장	125mm 활강포
전장/전폭/전고	9.53m/3.46m/2.226m	항속 거리	650km
엔진/출력	1384MC 디젤엔진/ 840마력	수직장애물 통과능력	1.2m

Black Eagle 전차와 T-95 전차가 현존하는 것으로 판단되나, 야전에 배치된 것 같지는 않다.

라. 프랑스 (Leclerc전차)

프랑스는 1960년대 초 AMX-30을 개발한 이래 1990년대 초가 되어서야 후속 모델인 AMX Leclerc를 개발하여 배치하였다. 프랑스가 개발한 Leclerc 전차는 공개시부터 다른 3세대 전차보다 발전된 설계개념으로 많은 관심을 불러 일으켰으며, 3.5세대 전차라고 불리고 있다.

이는 항공기에 사용하는 전자시스템을 세계최초로 도입한 전차로서 서방측 전차로는 흔치 않게 자동장전 장치가 도입되어 승무원이 3명으로 줄였고, 주포도 프랑스가 독자적으로 개발한 120mm 52구경장 활강포를 장착하고 있으며 APFSDS탄 사용시 포구초속은 1,800m/sec, 사격통제장치는 3세대 전차의 기본 기능인 헌터-킬러 능력을 보유하고 있고, 전투기와 비슷한 디지털화 된 사격통제장치를 탑재하고 있다.

장갑은 기본구조 위에 모듈장갑을 장착하고 있으며, 고효율화된 소형엔진을 장착함으로서 공간이 줄어들어 차체가 짧고 자동장

전장치의 채택으로 포탑 높이도 낮다. 이러한 이유로 M1A1전차
보다 10톤 정도 경량이지만 비슷한 방어력을 가지고 있다.

[그림 15] Leclerc전차

참고적으로 최초 1,400여대가 생산될 예정이었지만, 1,000대 이
하로 생산될 예정이며 아랍에미레이트가 450대를 발주하였다.

세부 제원은 다음과 같다.

전투 중량	54.5톤	전 장	9.87m
전 폭	3.71m	전 고	2.46m
엔진 출력	1,500마력	엔진 구조	8기통 공냉식 디젤
톤당 출력	27.5마력	주포 구경	120mm 활강포
항속 거리	550km	탄약 적재	40발

마. 영국 (Challenger전차)

1968년에 쵸밤장갑을 장착한 Chieftain의 개량형인 FV4211이라는 시제 전차를 모체로 FV4030/3 (Shir2)를 개발하였고, 이를 성능 개량한 것이 Challenger전차로서 1978년 9월 영국 국방성은 243대를 주문하고 1982년 12월 영국 육군 무기체계로 채택 후 1983년 3월부터 영국 육군의 주력전차로 운용하고 있다.

Challenger II 는 120mm 주포를 장착한 전차중에서 유일하게 강선포를 장착하고, 부무장으로 7.62mm 공축기관총과 L37A2 대공기관총을 장착하고 있다.

엔진은 Challenger I 과 같은 1,200마력 수냉식 디젤엔진을 장착하고 있으며, 전차장 조준경은 프랑스 SFIM사의 360° 회전 가능한 파노라마식 조준경을 장착하고 있다.

[그림 16] Challenger전차

포수용 조준경은 주·야간용으로 구분되어 있는데, 주포 위에 부착되어 있는 열영상장비는 야간 작전 수행을 가능하게 해준다. 사격통제 컴퓨터는 탄도계산 능력 외에도 항법능력과 전장관리 능력을 가지고 있다. 300~10,000m 까지 측정 가능한 레이저 거리측정기는 ±10m의 오차로서 정확한 사격을 도와준다.

방호를 위해 쵸밤장갑이 도입되었으며 성형장약탄을 사용하는 대전차무기는 거의 방어할 수 있는 것으로 알려지고 있다. 특히 ChallengerⅡ는 적외선과 레이더 등의 피탐지율을 저하시키는 스텔스 설계가 도입되었다.

현재 대전차무기는 적외선을 사용한 것이 많이 개발되어 있으며, 또한 밀리미터파를 이용한 레이더와 유도시스템이 개발되고 있다. 이 때문에 전차에도 항공기와 같은 스텔스 설계의 도입이 예측되고 있는데 ChallengerⅡ가 스텔스 설계가 도입된 선구적인 전차인 셈이다.

세부 제원 및 성능은 다음과 같다.

구 분	Challenger Ⅰ	Challenger Ⅱ
승 무 원(명)	4	
전투 중량(톤)	62	62.5
엔진 출력(마력)	1,200	
톤당 출력(마력)	19.35	19.2
주포구경(mm)/형태	120/강선포	
거리 측정 방식	레이저	
야간사격 조준방식	열상 포수 조준경	
NBC방호	가 능	
탄약 적재 발수	64	50
배치 년도	1983	1992

참고로 Chieftain 계열의 년도별 개량 현황은 다음과 같다.

Chieftain Mk1 ⇒ Chieftain Mk2 ⇒ Chieftain Mk3 ⇒
(1963)　　　　　(1966)　　　　　(1969)

Chieftain Mk5 ⇒ Chieftain Mk1(9 ~ 12)
(1971)　　　　　(1981)

바. 독일(Leopard계열 전차)

제2차 세계대전 패전국인 독일은 1957년 프랑스와 공동으로 유럽형 전차 개발에 착수하기까지 전차개발이 중단되었다. 1965년부터 양산되기 시작한 Leopard Ⅰ의 우수한 성능, 특히 뛰어난 기동성은 독일 전차기술의 잠재력을 보여주는 대표적인 예이다. Leopard Ⅰ은 1980년대 초까지 각 부분의 성능개량을 통하여 Leopard 1A1, 1A2, 1A3, 1A4, 1A5로 발전되어 왔다. 그러나 화력측면에서 Leopard 1의 105mm 강선포와 APDS탄은 곧 이어 등장한 구 소련 T-64전차의 125mm 활강포 및 APFSDS탄에 비해서 열세인 것으로 판단되었다. 이러한 이유로 독일은 1979년에 세계최초로 120mm 활강포를 탑재한 Leopard Ⅱ를 독자 개발하는데 성공하였다.

Leopard Ⅰ은 6,000대 이상이 벨기에, 덴마크, 독일, 그리이스, 이탈리아, 캐나다, 네덜란드, 노르웨이, 터키, 호주 등에 공급되었으며, Leopard Ⅱ는 독일, 네덜란드, 스위스, 스웨덴, 스페인 육군에 공급되었고 이후 1(A5)과 2(A6)로 개량되었다.

Leopard전차의 몸체는 앞쪽의 주행장치, 중앙의 화기, 뒤쪽의 엔진 등 세 부분으로 크게 나눌 수 있다. 조종석에는 세계의 관측용 조준경이 장착되어 있으며 조종석 왼쪽 공간에 탄약저장고가 있다. 전차장 해치에 장착되어 있는 PERⅠ-R17 조준경은 주·야간

구분 없이 목표를 관측 및 식별할 수 있다. 또한 포수의 열영상장치는 CC회로를 통한 비디오 영상으로 전차장의 모니터에 제공된다. 열영상장비는 2,500m까지 관측할 수 있으며 야간과 연막이 차장된 상태에서도 목표를 추적하여 사격할 수 있다.

참고적으로 Leopard Ⅱ A5형은 Leopard Ⅱ형에「쇼트장갑」이라 불리는 신형 강화장갑으로 방어력을 보강한 전차로 스웨덴의 차기 전차로 채택되어 운용되고 있다.

Leopard Ⅱ A6형은 Leopard Ⅱ A5형에 주포를 기존 44 구경장에서 55 구경장으로 늘려 관통력을 향상시킨 전차로 독일 육군의 차기 전차로 채택되어 운용하고 있다. Leopard Ⅱ A5형으로도 종합적인 전투능력에서 미군의 M1A2보다 우수한 점이 많은 것으로 알려져 있고, 여기에 주포까지 개량함으로서 Leopard Ⅱ A6는 21세기 최강의 전차로 불리어지고 있다.

세부 제원 및 성능은 다음과 같다.

구 분	Leopard Ⅰ	Leopard Ⅰ A3	Leopard Ⅰ A5	Leopard Ⅱ	Leopard Ⅱ A5
승무원(명)	4				
전투중량(톤)	37	42.4	—	55.2	59.7
엔진출력(마력)	700	830	830	1,500	1,500
주포구경(mm)/형태	105/강선포	105/강선포	105/강선포	120/활강포	120/활강포
야간사격 조준방식	LLLTV	IR탐조등	열상포수조준경	열상포수조준경	열상포수, 전차장조준경
NBC방호	가 능				
탄약 적재 발수	47	60	60	50	42
배치 년도	1965	1972	1986	1979	1995

[그림 17] LeopardⅡ A6전차

참고로 세부적인 년도별 개량 현황은 다음과 같다.

※ Leopard 1 계열

   Leopard 1   ⇒ Leopard 1A1 ⇒ Leopard 1A2 ⇒
    (1965)   (1969)   (1972)

   Leopard 1A3 ⇒ Leopard 1A4 ⇒ Leopard 1A5
    (1972)   (1974)   (1986)

※ Leopard 2 계열

   Leopard 2   ⇒ Leopard 2A1 ⇒ Leopard 2A2 ⇒
    (1979)   (1981)   (1983)

   Leopard 2A3 ⇒ Leopard 2A4 ⇒ Leopard 2A5
    (1984)   (1985)   (1992)

사. 일본 (90식 전차)

1980년대 이후, 90식 전차는 각국의 전차에 채택되기 시작한 복합 장갑에 대한 필요성과 일반화된 120mm 주포의 탑재가 필요성이 대두되었고, 1992년 양산 모델 1호가 미쓰비시 중공업에서 제작되었다.

주무장을 위해 일본은 최초 120mm 활강포를 자체적으로 개발하였지만 라인메탈사의 제품보다 성능이 뒤떨어졌기 때문에 서방측 전차의 표준 전차포인 라인메탈사의 120mm 활강포를 장착하였다. 움직이는 전차에서 동양인이 120mm포탄을 수동으로 장전하기 어렵고, 육상자위대 병력이 부족한 점등을 들어 자동장전장치를 탑재하고 있으며, 이 장치는 포수의 조작으로 탄종을 선택하여 자동으로 장전되며 각 탄의 잔량이 표시된다. 사격통제장치, 자동장전장치 등이 컴퓨터로 통제되며 장비감시와 고장진단 기능이 있고 특히 90식 전차는 목표에 대한 자동추적기능을 갖고 있다.

레이저 경보기는 대전차미사일과 적 거리측정기의 레이저를 감지하여 연막탄발사기와 수동 또는 자동으로 연결하여 사용할 수 있다. 전차장용 조준경은 주간 전용이며 3배와 10배율 중에서 상황에 맞는 배율을 선택하고, 야간에는 포수조준경의 열영상장치를 사용한다. 이 조준경은 좌우 90°까지 움직일 수 있으며 완전한 파노라마식은 아니다. 복합장갑은 자체 개발한 것으로 2개의 장갑안에 복합재를 삽입한 것으로 알려지고 있다.

전투중량은 50톤으로 서방측 전차 중에서 가장 가벼운 전차중 하나이며 전차의 방호를 위해 많은 장갑을 사용하지 못한 것으로 추측된다.

참고로 일본의 년도별 전차개발현황은 다음과 같다.

TYPE 61 ⇒ TYPE 74 ⇒ TYPE 90
(1962)   (1973)   (1991)

세부 제원은 다음과 같다.

전투 중량	50톤	승 무 원	3명
엔진 출력	수냉식 디젤 1500마력	주포 구경	120mm 활강포
톤당 출력	30마력	항속 거리	340km

[그림 18] 90식 전차

아. 이스라엘 (Merkava계열 전차)

이스라엘은 1960년대에 진행된 영국 치프텐 면허생산을 중동국가들의 압력으로 영국이 취소하면서 독자전차를 개발하기 시작하여 1979년에 Merkava MK1을 배치하게 되었지만, 1982년 레바논 침공시 대전차 화기에 쉽게 파괴되는 문제점과 중동지역에 T-72전차가 보급되어 세력균형을 위해 1989년에 Merkava MK3라는 성능 개량 전차를 개발하였다. Merkava는 주강 및 용접구조물로 제작된 차체 전방에 파워팩을 배치하고 그 뒤에 연료와 격벽을 설치하여 방호력을 얻고 있으며, 쐐기형 포탑은 주강 용접으로 제작되었다. 부족한 방어력 보강을 위하여 공간 장갑은 복합장갑으로 교체되었다. 부무장으로 공축기관총 7.62mm, 포탑 위에 2정의 7.62mm 기관총을 탑재하고 있으며, 근접 공격용으로 60mm 박격포를 포탑 안에 탑재하여 주로 보병 공격용으로 사용한다. Merkava는 처음부터 방어력에 많은 비중을 두고 설계된 전차로 차체 바닥에도 내부에 공간이 있어서 지뢰의 폭발에너지를 감소시키는 작용을 한다.

이스라엘은 Merkava MK 1/2/3전차를 약 1,000대 정도 보유하고 있으며 현재는 Merkava MK3만을 생산 중이다. 이 전차는 서방측 전차와는 다른 개념으로 설계되었으며 여러 번의 중동전과 레바논 전쟁의 교훈이 반영되었다. 중동지역은 사우디아라비아, 쿠웨이트, UAE를 제외하면 대부분 2세대 전차나 T-72전차를 보유하고 있기 때문에 21세기에도 MK3은 중동지역의 가장 강력한 주력전차로 사용될 것이다.

세부 제원 및 성능은 다음과 같다.

구 분	MK1	MK3
전투 중량(톤)	60	62
엔진 출력(마력)	900	1,200
주포구경(mm)/형태	105/강선포	120/활강포
거리 측정 방식	레이저	
야간사격 조준방식	열상 포수 조준경	
NBC방호	가 능	
탄약 적재 발수	62	50
배치 년도	1979	1991

[그림 19] Merkava전차

13. K1A1 전차 후속모델은 ?

차세대전차 개발을 위해 미국은 FCS(Future Combat System), 영국은 MODIFIER(Mobile Direct Fire Equipment Requirement)가 진행 중에 있으며, 2020년 이후에야 그러한 전투체계가 가시화 될 것 같다. 그전까지는 현재의 주력전차를 성능 개량하여 사용될 것으로 판단된다. 미국과 영국이 추진하고 있는 미래전투체계는 전차라기보다는 새로운 정찰차량과 같은 개념으로 이해하는 것이 바람직하며 한국은 미국이나 영국과는 달리 K1, K1A1 전차개발로 축적된 기술력을 바탕으로 포탑, 차체를 가지는 현재의 주력전차 형태에 능동방호, 자동장전장치, 자세제어, 항법장치와 각국 전차의 장점에 한국의 특수한 지형요소를 접목함으로서 세계 어느 주력전차에 뒤지지 않는 전차를 개발 중에 있어 향후 ○○년 이내에 야전에 배치되어 운용되어 질 것으로 판단된다.

[그림 20] ADD[4]에서 설계중인 차기전차 모형

---

4) ADD는 Agency For Defense Development의 약어로, 국방과학연구소 또는 국과연이라 칭함

14. 각국이 연구중인 전차의 신기술은 ?

　형상면에서 전차를 낮게 설계하기 위하여 무포탑 전차, 두상포, 2인용 전차 및 무인전투차량을 연구중이다.

　화력면에서 액체추진포와 전열화학포를 이용하여 관통력을 증대시키고, 정확한 사격을 위해 각종 제원(측풍, 포신의 휨상태 등) 센서 등이 정밀화 될 것이다.

　기동성 향상을 위해 동력장치는 고출력 소형동력장치와 냉각이 필요 없는 단열엔진을, 현수장치는 완전한 자세제어를 위한 능동형 유기압식 현수장치를 추진중이다.

[그림 21] 두상포

방호를 위해 적의 위협 도달전 이를 탐지, 격파하는 능동방호시스템을 추진중이며 지휘·통제면에서 전차내, 전차간 표적자료를 실시간에 공유하는 디지털화된 전장정보기능이 추가될 것이며 피아식별장치를 이용하여 우군간 피해를 방지하려 하고 있다.

구조물 재질은 복합재를 사용하여 경량화하면서 방탄성을 증가하려 하고 있으며 모듈라장갑을 장착하여 장갑발전과 위협증대에 유연하게 대처할 수 있도록 설계에 반영하고 있다.

15. 가장 이상적인 전차는 ?

1993년 미 육군 TACOM[5]에서 실시한 미래전차 경연대회에서 1위로 입상한 전차설계 개념이 가장 이상적인 전차인 것 같다. 이 전차는 무인포탑으로 신속 전개에 적합하도록 중량은 50톤 이하로 경량화 하였고, 생존성 향상을 위해 3명의 승무원 전원이 포탑 하부에 위치하고 그 전방에 동력장치를 배치하였다. 동력장치는 가스터빈으로 발전기 구동시, 전기모터로 구동륜을 구동하는 시스템이다. 탄약은 선상탄 40발을 포탑 하부에 원추형으로 배치하고 예비탄 23발은 차체 후미 하부에 적재한다. 중앙의 40발을 적재할 수 있는 하부판은 폭발시의 피해를 줄일 수 있는 판넬로 되어 있다.

주무장은 55구경장 120mm 활강포를 탑재하고 우측에 30mm 기관포, 좌측에 7.62mm 공축기관총을 배치하였다. 그 외 120mm 포 후방에 40mm 유탄발사기를 탑재하고 그 우측에는 미사일 7기를 수직방향으로 탑재하였다. 또한 차체 전방 좌측에는 7.62mm 기관총을 고정으로 설치하고 있다.

---

5) Army Tank-automotive & Armaments Command(미 육군 전차 / 차량 사령부)

방호능력은 차체 전방에 특수장갑재를 장착하여, 전방 90° 범위 내 500m 이상의 거리에서 120mm APFSDS 탄에 방호할 수 있고, 추가적으로 전 방향 센서, 채프 발사, ECM(전자방해대책), 레이저, 레이다 탐지 및 미사일의 탐지 등이 가능하도록 되어 있다. 피아식별, 초단파에 의한 지뢰탐지, NBC 방호도 고려되었다.

하지만 이것은 실전용이 아닌 개념적인 전차로 미국이 추진중인 FCS와는 상당한 거리가 있는 것으로 보인다.

16. FCS (미래전투체계)란 ?

서방권에서는 2020년까지 새로운 형태의 전차를 개발하기보다 현재 운용중인 전차의 성능을 개량하려 하고 있다. 다만 2020년 이후를 대비하여 통상 FCS(Future Combat System)로 불리는 미래 전투체계를 준비하는 것으로 보인다. 이는 지금까지 우리가 생각하는 전차가 아닌 다른 형태가 될 것이다.

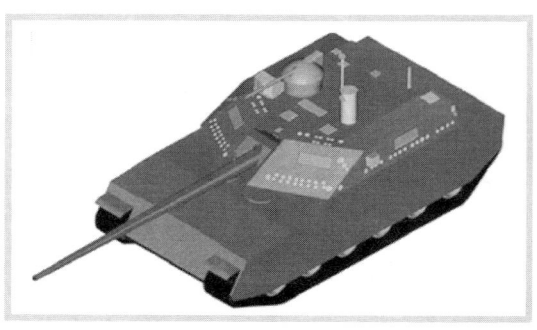

[그림 22] 전자포를 탑재한 FCS

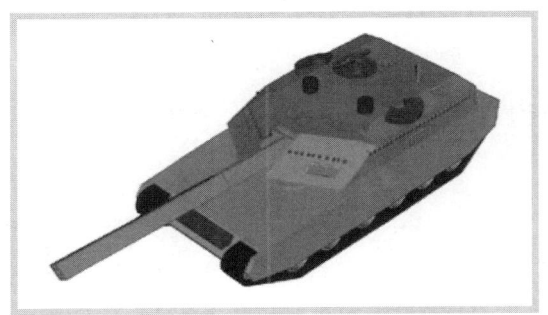

[그림 23] 전열포를 장착한 FCS

　미국이 진행중인 FCS는 전략적 기동이 가능하도록 C-130 수송기에 의해 수송 가능한 경량화, 소형화되고 무장의 경우 중량, 체적, 반동력과 같은 불리한 조건을 가지는 현재의 전차와 달리 전자포, CKEM (Compact Kinetic Energy Missiles), 레이저를 사용한 무기, SGTA(Self-Guided Top Attack : 자체유도 상부공격 미사일)로 대체 될 것으로 보인다. 그 외에 군수 지원성 33～50% 증가, 연료 소모율 50% 감소, 96시간 내에 신속대응 가능, 재보급 없이 5일간 전투 가능, 최고속도 100km/h 및 야지 속도 60km/h 등이 개발 목표로 제시되고 있다. 또한 3～4명의 보병을 수송하는 형태로 변형되고 수륙양용 능력을 요구하고 있다. 이러한 요구조건을 충족하기 위해 FCS가 경량화됨에 따라 방호력은 제한되어 현재의 근접전투 개념의 전통적인 전차가 아닐 것이라는 것은 분명하다.

　미국의 FCS 개발 목표를 참조하여 미래 지상 플랫폼의 성능을 개략적으로 예측해 보면 「표 1」과 같다.

　「그림 25」는 영국이 Challenger전차를 대체하기 위하여 계획하고 있는 미래의 지상 전투차량의 개념도로서 연구중인 개념에는 무인 비행체를 탑재한 궤도 차량과 무인(無人)으로 운용되는 차륜 차량 두 가지 형태가 있다.

한국의 경우, 외국이 FCS(Future Combat System)를 연구한다고 해서 무턱대고 따라가는 것이 아니라, 수송기로 수송 가능한 규모의 중량과 부피를 가진 전차를 만들려는 의도 등을 파악하여 전체 체계를 답습하는 일은 없어야 하겠다. 한국의 현실을 직시하고, 가장 한국적인 전차를 개발함으로서 한반도 및 주변국의 전장에서 최강의 성능을 발휘 할 수 있도록 하여야겠다.

[표 1] 미래 지상플랫폼의 성능 수준 예측

구 분		현 수준	미래 수준(2020이후)	비 고
기 동 력	중 량(톤)	50~60	20톤 수준	전략수송
	최고속도(km/h)	60~70	100	
	야지속도(km/h)	40~50	70 이상	
화 력	포구 에너지(MJ)	15이하	20 이상	무인화가능
	사격 통제	차량전자화 및 자동 추적	표적 자동인식 및 원격 통제	
	비 가시선 공격	단일 센서에 의한 표적 감지	복합 센서 융합 및 피아 식별(IFF)	
생 존 성	KE탄 방호	특수 장갑	능동 장갑	수동장갑 방호 한계
	미사일 방호	능동방호 시스템	←(신뢰도 증대)	
	지뢰 방호	접촉식 지뢰제거	원격지뢰 탐지/제거	
	피탐지성	스텔스 형상 설계 및 특정 대역 전파 흡수 구조	광대역 전파 흡수 구조 및 주파수 변조형 스텔스 구조	

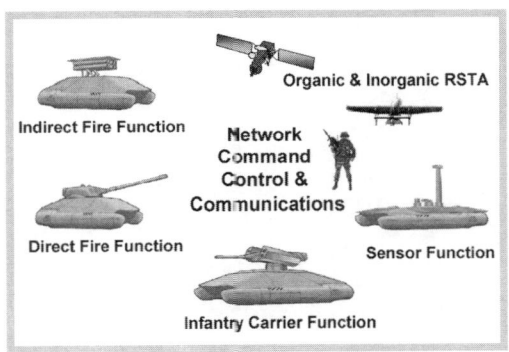

[그림 24] 미국의 미래전투체계

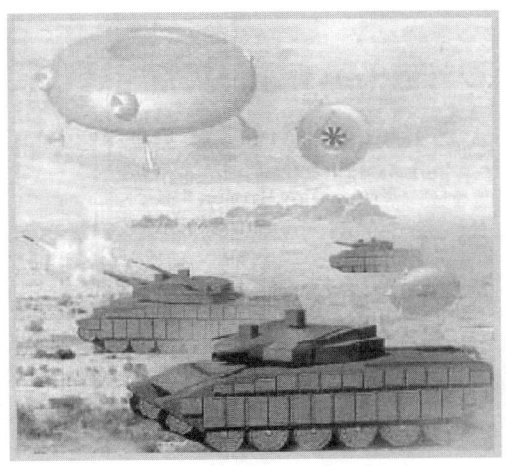

[그림 25] 영국의 미래전투체계 개념도

Ⅱ

전 차 설 계

17. 전차설계시 고려요소는 ?

무기체계 설계시 가중 중요한 요소는 장차전 양상 및 운용될 장비의 전장환경을 고려하여 그에 적합한 무기를 요구하여 설계하는 것이 중요하다. 왜냐하면 설계된 무기체계가 과대 또는 과소 설계된다면 불필요한 비용이 지불되고, 유사시 원할한 성능을 발휘하지 못하여 국가안보에 위협을 주기 때문이다. 따라서 무기체계 요구시에는 미래의 전쟁양상과 운용될 시기의 작전환경을 고려하여 최적의 요구를 함으로서 그에 적합한 설계가 반영되도록 하는 것이 중요하다.

한국의 경우 장차전은 정보전, 정밀 타격전, 입체 고속 기동전, 비대칭전, 단기 속결전, 선별 및 대량 화력전, 전후방 동시전투가 예상되며, 장비가 운용될 전장환경을 한반도로 국한할 경우 평균 해발고도 482m, 동/북쪽80% 산악, 서/남쪽 완경사, 횡방향 산맥 및 하천, 종방향 도로 및 철도, 기상 환경으로 연교차는 북부 44°C, 남부 22°C이며 북한지역의 경우 6개월 이상 최저기온 0°C 이하의 온도에 견디어야 하며 동계 폭설과 하계에는 장마를 고려하여 설계에 반영될 수 있도록 하여야 한다.

위에서 언급한 장차전 양상, 운용될 장비의 전장환경을 고려하는 것 이외에 「그림26」과 같이 전차에 대한 위협을 분석하여 설계에 반영한다.

전차에 위협을 줄 수 있는 장비는 전차, 헬기, 곡사포, 박격포, 장갑차, 보병 등이며 탄약은 전차포탄, 로켓탄, 미사일, 지능탄, 화생방, 대전차화기, 지뢰 등이 있으며, 이를 비율별로 표시하면 전체 예상되는 위협을 100으로 보았을 때 적 전차 38%, 무장 헬기

21%, 지상발사 유도무기 13%, 고정익 항공기 10%, 곡사포 10%, 대전차 지뢰에 의한 위협이 8% 정도이다.

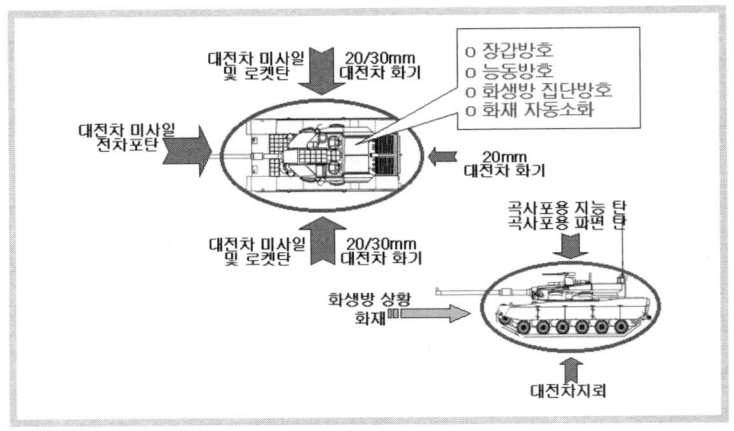

[그림 26] 전차에 대한 위협

이러한 요소들을 고려하여 전차의 요구성능을 결정하게 되며, 방호력의 경우 전차 전면은 적의 대구경 전차포탄 방호, 측면의 경우 승무원실, 비승무원실을 구분하여 방호력을 설정하고, 상부는 주 위협이 되는 성형작약자탄, 헬기발사 AP탄 방호, 곡사포탄 파편 방호, 전차 하부중 승무원실은 대전차지뢰 방호, 비승무원실은 대인지뢰 방호 같은 요구조건을 설정하여 설계에 반영한다.

18. 전차가 야전에 배치되는 과정은 ?

전차를 비롯한 각종 무기체계는 복잡한 절차를 거쳐 야전에 배치된다. 먼저 군에서 소요제기를 하면서 ROC[6]를 작성하며 이를 토대로 중장기 소요를 결정하고 예산을 획득하기 위해 중기계획서에 반영하며 ROC를 결정하게 되는데 이때 작성되는 ROC를 ROC I 이라 한다. 전차의 경우 국내 기술수준으로 제작 가능하므로 국내 연구개발 사업으로 추진하며, 연구개발은 국방과학연구소가 수행하는데 개념연구를 통해서 군에서 요구하는 성능의 전차를 제작할 수 있는지에 대한 가능성을 검토하며 탐색개발을 통해 최종적인 ROC를 작성한다. 이때 작성되는 ROC를 ROC II 라 한다. ROC II 를 토대로 체계개발동의서(LOA)를 작성한 후 체계개발을 하며 시험제작용 전차를 개발한다. 시험제작용 전차를 이용하여 시험평가를 실시하여 군에서 요구하는 성능을 충족하는지, 미흡한 분야와 보완할 사항을 점검하여 규격화하고 소요예산을 집행함으로서 야전배치를 위한 양산을 하게된다. 이를 요약하면 소요(기획)→획득(계획)→연구개발(개념연구→탐색개발→체계개발)→시험평가→규격화→집행→양산의 과정으로 이러한 기능은 관련기관들의 유기적인 협조하에 이루어지며 통상 소요제기부터 양산까지 10년 이상 소요된다.

참고로 K-1전차는 1975년 7월 개발사업에 착수하여 1984년 9월 시제 1호를 생산하고 1985년 9월부터 양산되었으며 「표 2」는 세계 각국의 전차 개발기간이 나타나 있다.

---

6) Requirement Operational Capability, 작전요구성능이라 번역함

[표 2] 전차개발에 소요된 기간

개발전차	개발기간(년)
Centurion	3
Leopard I	7
AMX 30	8
Chieftain	9
S-Tank	9
Leopard II	10
Leclerc	12
Type 90	10
M1	8
Challenger II	17
Merkava	8

19. 전차는 어떤 부분품으로 구성되는가 ?

전차는 크게 차체와 포탑으로 구분된다. 차체는 「그림 27」과 같이 전차기동을 위한 장비들을 장착하고 있으며 각각의 부품들의 유기적인 활동으로 전차가 이동할 수 있도록 하는 역할을 수행하며 포탑은 「그림 28」과 같이 구성되어 있어 화력으로 적부대를 타격할 수 있도록 사격통제장치, 주포 등을 장착하고 있다.

차체와 포탑 모두 적정한 방호력 수준을 유지하여 승무원과 각종 사격기재들을 방호하는 역할을 한다.

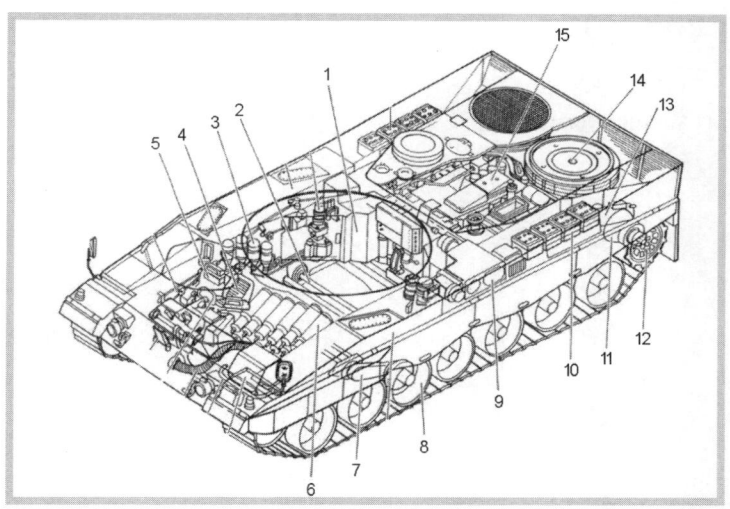

①연료탱크 ②토션바 ③소화기 ④조종수석 ⑤조종수잠망경 ⑥탄약 ⑦보기암
⑧보기륜 ⑨NBC필터 ⑩배터리 ⑪종감속기 ⑫기동륜 ⑬히터 ⑭냉각팬 ⑮엔

[그림 27] 차체

가. 차체

(1) 동력발생장치

엔진, 변속조향장치, 종감속기, 냉각장치, 흡·배기관으로 구성되어 있으며 전차운용에 필요한 동력을 발생시킨다. 통상적으로 차체의 후방에 파워팩의 형태로 통합 탑재되며 부수장치인 연료탱크, 밧데리 등은 동력장치의 좌·우 및 전방공간을 이용하여 탑재된다.

(2) 주행장치(현수장치)

기동륜, 유동륜, 보기륜, 완충장치 및 무한궤도로 구성되어 있으며 동력발생장치로부터 동력을 전달받아 전차를 기동시킨다.

① 기동륜 : 엔진의 구동력을 궤도에 전달
② 유동륜 : 차체 좌우측 전방에 위치하여 궤도정렬 유지
③ 보기륜 : 지표면 압력과 궤도 정렬 유지
④ 완충장치 : 차체에 부착되어 기동시 차량의 충격을 흡수
⑤ 무한궤도 : 각각의 궤도를 하나로 연결하여 끊이지 않는 무한궤도를 형성하고 이 위를 기동륜이 지나감으로서 전차가 기동하게 된다.

(3) 유압장치

엔진의 동력을 이용하여 유압을 발생시키고, 유압에너지를 기계적 에너지로 전환하여 차체와 포탑에 공급한다.

(4) 전기장치

축전지로부터 전원을 공급받아 전차를 시동하게 하고, 이후 발전기에서 전기를 발생시켜 차체 및 포탑의 각종 전기장비에 전기를 공급한다.

나. 포탑

(1) 사격통제장치

전차장 및 포수 조준경, 탄도계산기, 레이저 거리측정기 등으로 구성되어 있으며 표적을 획득하고 사격제원을 산출한다.

① 조준경 : 표적 식별 및 관측
② 탄도계산기 : 사격제원산출에 필요한 각종 입력 데이터(탄종 선택 신호, 레이저 거리신호, 조준경의 고저각 및 방위각 신호 등)를 이용하여 탄도해석 값 산출
③ 레이저 거리측정기 : 레이저를 이용하여 표적에 대한 사거리 측정

(2) 주포장치

전차탄을 발사하는 장치로 포신과 포마운트로 구성되어 있으며 포신은 포열, 포미장치, 배연기 등으로 이루어진다.
① 포열 : 탄두를 목표지점까지 비행토록 발사하는 역할
② 포미장치 : 탄약장전, 뇌관 격발, 사격후 탄피추출 기능
③ 배연기 : 사격후 포강내의 연소가스를 포구쪽으로 배출
④ 포마운트 : 사격간 차체에 미치는 사격충격력을 제어하는 역할

(3) 포 및 포탑 안정화장치

자이로, 서보장치, 고저·선회장치, 포수전동 손잡이, 포 및 포탑 구동 전자유닛 등으로 구성되어 있으며 기동간 사격이 가능토록 주포를 안정화시키는 장치이다.

(4) 전기장치

포탑의 전기장치는 포수 및 전차장 조정판, 실내등, 포탑 통풍기, 포탑 회로망 상자 등으로 구성되어 있으며 슬립링을 통해 차체로부터 전원을 공급받는다.

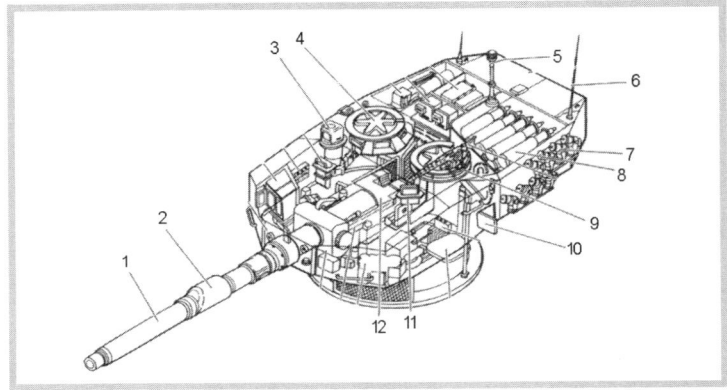

①주포 ②배연기 ③전차장용 조준기 ④전차장해치 ⑤측풍감지기 ⑥안테나
⑦연막탄발사기 ⑧선상탄 ⑨탄약수 해치 ⑩포탄 반입구 ⑪탄약수잠망경 ⑫폐쇄기

[그림 28] 포탑

20. 현재 운용중인 무포탑 전차는 ?

　현재 운용중인 스웨덴의 S전차는 무포탑의 독특한 형태를 가짐으로서 차고가 낮아졌다는 장점은 있으나 포 안정화장치가 있어도 포탑 회전이 제한되므로 기동간 사격시 목표가 제한된다는 단점이 있다. 따라서 방어용 대전차포와 같은 용도라면 고려되어 질 수 있겠으나 주력전차의 개념으로 이 형상을 채택하기에는 제한되리라 판단되며, S전차가 운용된 1962년 이후 생산된 어떠한 세계의 주력전차에도 무포탑 형태가 채택되지 않고 있다는 것이 이를 증명하고 있다. S전차라고 알려진 전차의 명칭은 STRV-103으로서 105mm 강선포, 디젤과 가스터빈을 결합한 Twin 엔진, 전투중량 39.5톤 등 많은 특징을 가지고 있는 전차임은 분명하다.

[그림 29] 독특한 형태의 S전차

21. 전차의 포탑 및 차체는 어떤 방식으로 제작되는가 ?

자체 및 포탑을 제작하는 방법은 시대에 따라 달리 제작되었다. 제2차 세계대전 중에는 리벳을 사용하여 접합하기도 하였으나 그 이후에는 거의 용접식이나 주조식을 사용하고 있다. 적 포탄이 맞기 쉬운 포탑은 피탄각이 중시되어 형상을 주조방식으로 제조하였으나, 최근에는 복합장갑과 공간장갑(Space Armament)같은 중장갑을 장착하기 때문에 용접방식이 주류를 이루고 있다.

22. 전차의 크기는 어떻게 결정되는가 ?

차체의 종적인 길이를 결정하는 지배적인 요소는 조종수의 방호장갑, 조종수 활동공간, 포탑 회전부, 파워팩 공간, 그리고 파워팩 보호 장갑으로 이루어지며, 횡적인 크기는 도로주행을 위한 폭과 원거리 전차 수송시 사용되는 열차의 폭을 기본적으로 고려한다. 국가에 따라 추가적으로 항공기에 탑재할 경우를 대비해 항공기의 적재공간을 고려하기도 한다. 여기에 사용자가 요구하는 탄 적재발수, 연료량, 방호력 정도에 따라 크기가 약간씩 상이하게 설계된다. 따라서 현재의 주력전차 대부분은 거의 1m이내의 길이, 30㎝ 이내의 폭정도 차이가 날뿐 거의 비슷한 크기의 전차가 개발되고 있으나 최근에 개발된 Leclerc 전차가 소형, 고출력 디젤엔진을 사용함으로서 길이는 M-1에 비해 1m, 챌린져보다 1.4m가 짧아져 3~4.5톤의 중량 절감 효과를 본 것으로 알려져 있다.

[그림 30] 수송기에 하역/적재되는 전차

23. 전차의 부피를 줄일 수 있는 방법은 ?

전차의 크기를 줄이기 위한 노력을 지속적으로 해왔지만 현재의 방호력, 화력을 유지한 상태에서 부품들의 크기가 축소되지 않는다면 그 크기를 줄일 수 없을 것 같다. 하지만 전차에서 가장 큰 공간을 차지하고 있는 동력장치가 소형 고출력화 되면서 점차 가능해 지고 있다.

새로운 1,100Kw(1500hp)의 동력장치는 Cummins사의 XAV28 디젤과 GE사의 LV-100 가스터빈 엔진으로, 동일출력을 내는 타 엔진에 비해 37%정도의 점유용적을 감소시켜 그 만큼 전차의 부피를 줄일 수 있을 것으로 판단된다.

그 외에 승무원수를 감소시켜 승무원이 차지하는 탑승공간을 줄이려는 노력을 하고 있다. 예를 들면 프랑스의 AMX-Leclerc, 일본의 90식 전차는 승무원을 3명으로 줄였으며, 독일은 2명의 승무원에 의한 운용 시험을 하고 있다. 이와 같이 승무원수를 감소시키는 것은 탄약자동장전, 자동화에 의해 기술적으로 가능하겠지만 승무원 2명에 의해 지속적인 작전을 실시할 수 있는가 하는 문제는 운용측면에서 고려되어져야 할 것이다.

24. 전차 포탑을 경사지게 하는 이유는 ?

방호력을 증대하기 위하여 탄의 에너지가 장갑에 직접 전달되지 않도록 장갑판의 경사도를 조정함으로서 내탄성을 향상시킬 수 있다.

이러한 경사장갑은 별도의 부가적인 장치가 필요 없이 장갑판재의 각도변화만으로 큰 방호효과를 얻을 수 있기 때문에 거의 모든 장갑에 경사를 적용하고 있다.

장갑을 경사지게 함으로서 방호력이 향상되는 이유는 실질적인 관통길이가 증가하기 때문이다. 「그림 31」은 전차장갑의 경사와 관통길이와의 관계를 나타낸 것으로 장갑두께를 T, 유효두께(탄의 실제 관통거리)를 T', 장갑의 수직방향 경사각을 θ라 하면 포탄이 관통해야 하는 장갑의 유효두께는 T=T'·cos θ 이다. 만일 적 포탄이 60° 경사진(θ=60°) 각도로 날아온다고 가정하면, 포탄이 관통해야 할 장갑의 유효두께는 T'=2T로 실제 장갑의 2배로 증가한다.

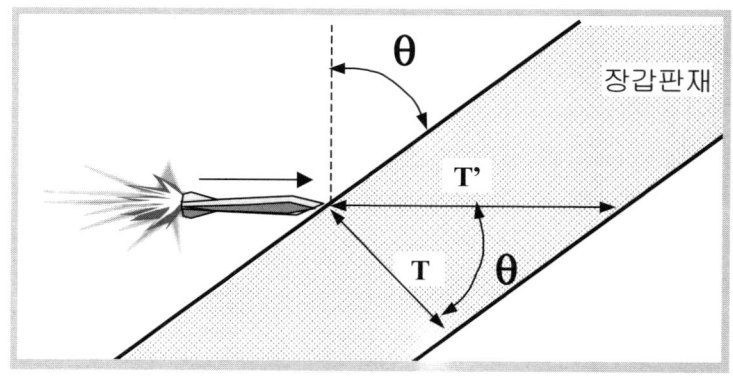

[그림 31] 경사각과 관통길이와의 관계

또한 경사면으로 인해 포탄과 장갑과의 접촉면적이 증가되어 장갑의 단위 면적당 운동에너지가 감소하며, 장갑표면에서 탄의 미끄러짐 효과로 탄자가 튀어나가는(richochet) 등 전차를 경사지게 설계하면 방호력이 크게 향상된다. 실제로 장갑의 경사도가 65°이상이 되면 탄자가 미끄러져 튀어나가거나 산산이 부서지는 등 관통효과가 급격히 감소하여 상대적으로 얇은 장갑으로도 방호가 가능하다.

경사장갑은 대부분의 전차에 적용되어 1·2세대 전차들은 반구형의 포탑과 경사를 가진 차체장갑을 사용하였다. 3세대 전차 출현 초기 APFSDS탄에 대한 방호효과가 미미하고 전차 내부공간이 협소하다는 이유로 경사각을 없앤 수직장갑이 등장하였으나 그이후 대부분의 3세대 전차들은 경사장갑을 적용하고 있다.

특히, Leopard II는 출현 당시 경사각을 무시한 수직장갑 형태의 포탑 장갑으로 상당한 관심을 끌었으나 Leopard II의 최신 개량형인 Leopard 2A5 / A6에서는 다시 경사장갑을 채택하였다.

Chieftain의 경우 전면 상부 경사각은 20°, 전면 하부는 35〜40°로 설계되어 있으며, 동구권의 T-62전차는 차체 전면 상부와 하부의 경사도를 30°로 유지하고 있다. 이러한 경사면은 성형작약탄의 효과를 약 20〜50% 감소시키는 것으로 알려져 있다.

25. 전차 경량화는 어떤 잇점이 있는가 ?

전차가 경량화 되면 기동성이 증대된다.

예를 들면 1,200마력 엔진을 사용하는 전차의 중량이 60톤에서 50톤으로 경량화 되었다면 톤당 마력은 20hp/ton에서 24hp/ton으로 증대되어 그 만큼 민첩성이 증가하게 된다. 이는 전술상황에서 전차에 가장 위협요소인 적 대전차미사일 사격시 대전차미사일의 약점인 느린 비과(비행) 속도를 이용해 이를 회피하거나 지형의 기복을 이용하여 차폐진지를 점령함으로서 적 대전차 미사일을

회피하여 생존성을 증대시킬 수 있다. 경량화를 통한 상대적인 톤
당 마력 증가가 민첩성에 끼치는 영향은 「그림 32」에 나타나 있
다. 그림에서 알 수 있듯이 톤당 마력이 15톤에서 30톤으로 증가
하게 되면 시속 48km까지 도달하는데 40초에서 15초로 25초의
시간이 단축되어 순간 가속력이 증대됨을 알 수 있다. 경량화를
통해 동일엔진을 사용하면서 전투중량을 감소시킨다면 상대적인
톤당 마력의 증대로 민첩성을 향상시킬 수 있다.

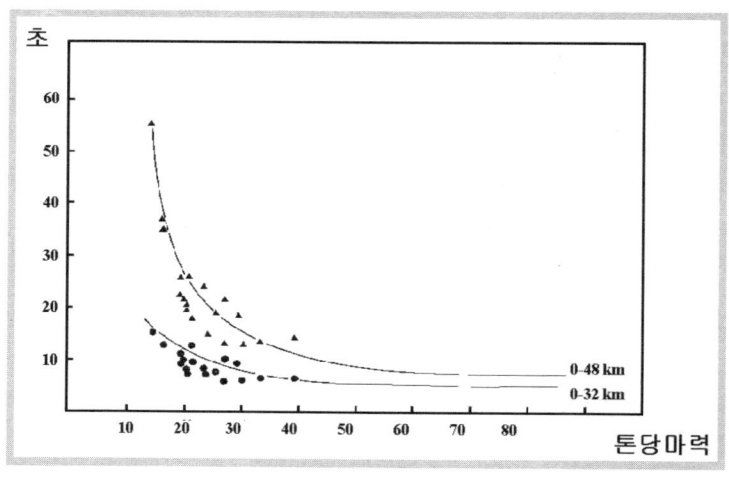

[그림 32] 톤당마력의 변화에 따른 민첩성 비교

이러한 전술적인 이점 이외에도 운용유지비를 절감 할 수 있다.
「그림 33」의 중량 변화에 따른 궤도의 수명변화만 보더라도 중량
을 70톤에서 60톤으로 중량을 감소시킬 경우 궤도의 수명은 2.2배
증가하게 되며 여기에 마일당 유지비용, 연료 및 기타오일 소모비

용, 정비수리 마일, 정비 활동별 평균 부품비용, 장비 수명연장에 따른 이익을 얻을 수 있다.

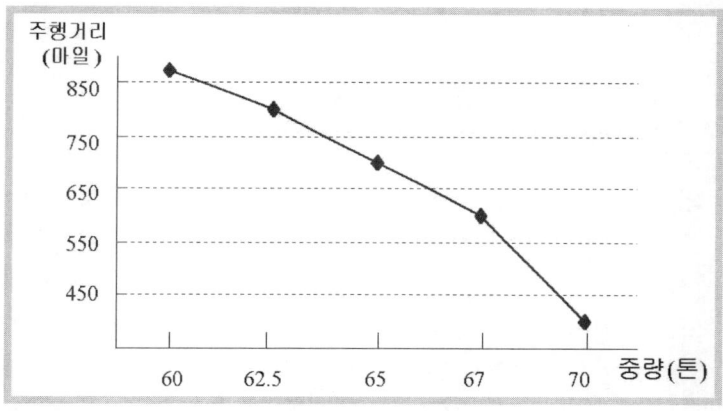

[그림 33] 중량에 따른 T-156 궤도의 수명도

26. 전차의 외형으로 중량을 짐작할 수 있나 ?

각국의 주력전차는 60톤 내외의 전투중량을 가지고 있다. 이러한 전투중량을 지탱하기 위해 기계식 토션바나 유기압식 현수장치를 사용하게 되는데 이는 보기륜과 연결되어 있다. 따라서 이 보기륜의 숫자로 전차의 중량을 짐작 할 수 있다. 가령 보기륜이 6개인 K-1전차는 약 54톤, 보기륜이 7개인 M1A1전차는 약 63톤에서 중량이 약간 가감되는 정도이다. 결론적으로 전차의 외형상 중량을 판단하기 위해서 보기륜 수에 9톤을 곱하면 대략적인 전투중량을 짐작할 수 있다.

참고적으로 K-1전차와 M-1계열 전차를 외형적으로 구분하기 어렵다. 따라서 필자는 보기륜 숫자로 구분하는 단순한 방법을 사용하고 있다.

27. 전차 포탑은 360° 회전하는데 포탑과 차체를 연결하는 전기선이 꼬이지 않는 이유는 ?

전차는 주포 사격을 위해 포탑을 360° 회전하면서 사격할 수 있도록 설계되어 있다. 포탑을 회전시키기 위해 유압식 또는 전기식을 사용하고 있는데 유압식은 유압유 누수에 따른 화재 등의 문제점으로 인해 전기구동 방식의 고저/선회장치가 사용되고 있는 추세이며 전기식은 유압식에 비해 ① 조준시간 감소, ② 표적 포착 및 구동시간 감소, ③ 주행간 조준 정확도 증대, ④ 포탑 내부 온도 감소, ⑤ 생존성 증대(유압유로 인한 화재 위험 제거), ⑥ 소음 감소, ⑦ 정비성 향상 및 MTBF[7] 증가 등의 장점을 가지고 있다.

포탑 구동 및 사격통제장치를 작동하기 위하여 차체에서 포탑으로 전원이 공급되어 지는데 포탑은 360° 선회하기 때문에 일반적인 배선(전선)을 설치하면 배선(전선)이 꼬이게 되고 결국 끊어지게 된다. 따라서 360° 선회(회전)하는 포탑이나, 전차장 조준경에는 슬립링이라는 기계장치가 부착되어 아무리 선회(회전)하더라도 선이 꼬이지 않으면서 전력공급을 가능하게 한다. 이러한 슬립링은 레코드판과 비슷한 원리로 접촉을 유지하면서 회전하는데「그림 34」는 전차에 장착된 슬립링 실부품이다.

---

7) Mean Time Between Failure의 약어로 시스템이 계속 운용될 때 고장이 발생되는 시간간격의 평균값이며, 평균수명으로 이해하는 것이 바람직하다.

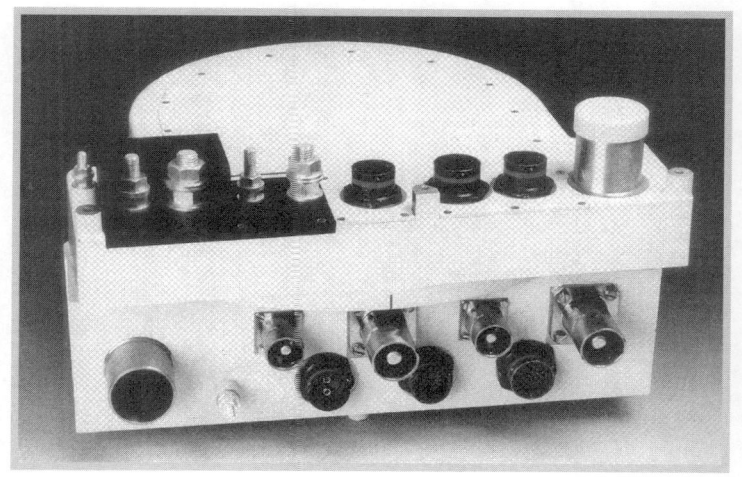

[그림 34] 슬립링

28. 한국의 전차설계 발전방향 ?

세계 각국의 전차는 그 나라의 특성을 반영하여 전차를 설계한다. 예를 들어 동구권은 화력, 이스라엘은 방호력(생존성), 서방권은 정밀사격통제장치와 기동성이 우수하다고 했을 때 이들 전차의 장점만을 조합한 전차가 제작될 수 있을 것인가? 만약 제작될 수 있다면 책정된 양산비용 이내에서 가능한가? 허용된 공간 내에 체계를 구성할 수 있을 것인가를 고려하여야 할 것이다. 만약 작전요구성능이 세계전차의 장점만 결합된 것이라면 이러한 전차는 날라다니는 전차가 될 것이고, 만약 제작될 수 있다 하더라도 전차의 크기와 중량이 증가하고 예산이 증가함으로서 결국 그 수준을 낮출 수밖에 없는 우를 범하게 될 것이다.

따라서 전차를 포함한 각종 무기체계 요구시에는 한국적 여건이 반영된 최적의 성능을 요구함으로서 한국적인 무기체계가 생산될 수 있도록 하여야 하며, 소요에서 양산까지 장기간이 소요됨으로 인해 양산 때는 구 모델화 되어버리는 일이 없도록 의사결정체계가 단순화되고, 양산되어도 지속적인 성능개량이 이루어 질 수 있는 제도적 장치가 마련되어야 할 것이다.

Ⅲ

기 동 력

29. 전차의 진행원리는 ?

전차의 양측에 무한궤도가 장착되어 있고, 무한궤도와 연결된 기동륜이 회전함에 따라 궤도위의 차체가 진행하게 되며, 궤도가 보기륜을 통과한 후에는 다시 감아서 보기륜 앞에 놓이게 함으로서 결국 도로를 자신이 가지고 다니는 형상과 비슷하다.

무한궤도가 움직이는 것을 전차 밖에서 보면 전차의 움직임에 관계없이 무한궤도의 지면과 접한 부분은 전혀 움직이지 않는 것 같아 보인다. 즉 지면에 대하여 속도가 제로이다.

「그림 36」은 전차의 기동원리를 도식화한 것으로 궤도는 지면 위에 고정된 도로와 같으며 이 도로를 기동륜이 회전함으로서 기동륜에 연결된 전차의 차체가 기동하게 된다. 즉, 전차는 끊임없이 연결된 강판으로 된 도로(무한궤도)위로 바퀴(기동륜)를 단 차량이 주행하는 것과 같다.

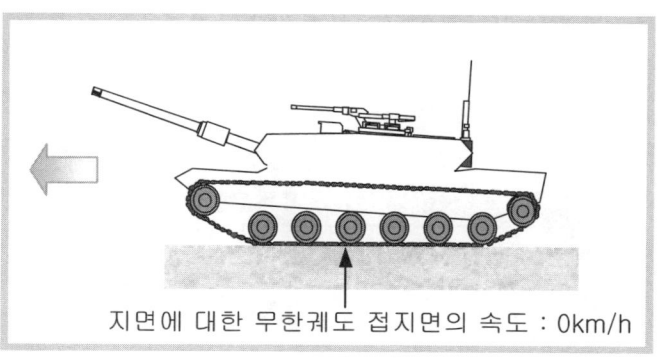

지면에 대한 무한궤도 접지면의 속도 : 0km/h

[그림 35] 무한궤도의 속도

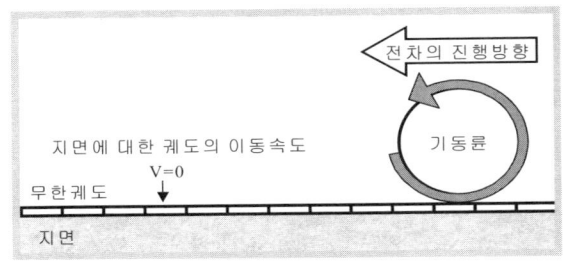

[그림 36] 전차의 기동원리

30. 전차는 어떻게 방향을 바꾸나 ?

엔진과 변속기가 결합된 상태를 파워팩이라 하며 엔진에서 발생된 동력은 변속기와 종감속기(final drive)를 통해 좌·우측 기동륜(스프라켓)에 전달된다. 이러한 동력원은 기동륜을 회전시켜 전·후진을 하게되며 변속기에서 전·후진 및 저·고속을 조정하고 조향은 좌·우측의 기동륜의 회전비를 조정함으로 방향을 바꾸게 된다. 참고로 각국의 주력전차는 자동변속기를 사용한다.

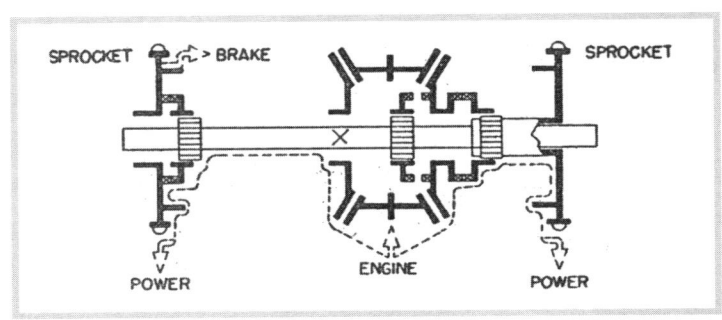

[그림 37] 동력전달 과정

31. 전차는 제자리에서 360° 회전이 가능한가 ?

자동차는 제자리에서 방향을 180° 바꿀 수 없지만 전차는 정지 위치에서도 방향을 바꿀 수 있다. 좌우의 궤도를 서로 역방향으로 구동시키면 차체 길이에 해당하는 폭내에서 회전할 수 있다. 이는 「그림 38」처럼 좌우궤도를 역방향으로 같은 속도($V_O = - V_i$)로 구동시키면, 선회반경은 0 이 되어 제자리에서 360°회전이 가능하다.

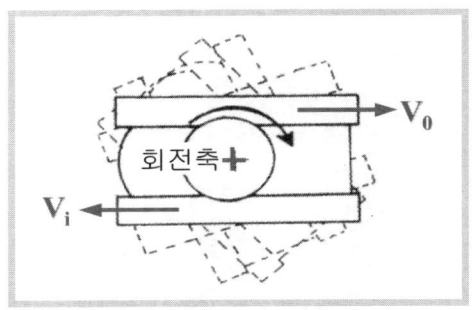

[그림 38] 제자리 선회

이를 위해 K-1전차의 경우 변속기 레버를 Pivot에 위치시키게 되면 제자리 회전이 가능하다. 하지만 지면이 고르지 못할 경우 궤도가 이탈될 수 있고, 구형 전차의 경우는 변속기에 부담을 줄이기 위해 거의 제자리 회전을 실시하지 않는다.

32. 전차가 등판할 수 있는 경사는 ?

통상 군에서는 31°경사를 등판할 수 있도록 요구하고 있고, 전차는 31°경사를 등판할 수 있도록 설계되어 있다. 일반도로중 경사가 31°인 도로는 없기 때문에 일반차량이 다닐 수 있는 도로에 대해 폭만 허용된다면 모두 기동할 수 있다. 참고로 통상 경사를 %로 표시하게 되는데 만약 60% 경사라면 지면 100에 높이 60으로, 이를 수식으로 표현하면 $\tan X = \dfrac{60}{100}$, X는 약 31°를 의미하는 것이다.

[그림 39] K-1 전차 등판시험

33. 전차 궤도의 수명은 ?

　전차궤도는 크게 고무패드가 부착된 고무궤도와 고무가 없는 철궤도로 구분되는데 한국에는 고무궤도만을 사용하고 있다. 고무패드는 또다시 궤도몸체 전체를 고무로 몰딩한 일체형과 마모가 일어나는 고무패드만을 교체할 수 있는 분리형으로 구분된다.

　일체형 궤도는 초기제작비는 저렴하나 궤도의 수명이 궤도몸체와 무관하게 고무의 수명에 따라 제한되어 정비유지비가 과다하게 소요된다는 단점이 있는 반면, 분리형은 정비유지비가 저렴하고 궤도의 수명을 증대한다는 장점을 가지고 있으나 일체형에 비해 무겁고, 초기 제작비가 많이 소요된다는 단점이 있으나, 세계적으로 분리형 궤도를 사용하는 추세이다.

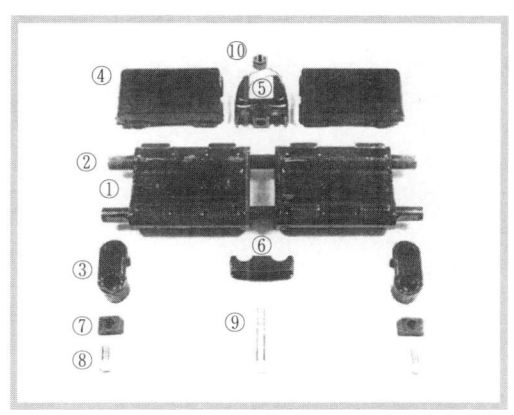

①몸체 ②핀 ③선단연결기 ④패드 ⑤중앙가이드 ⑥캡
⑦웨지 ⑧웨지볼트 ⑨중앙가이드 볼트 ⑩6각너트, 풀림막기

[그림 40] 패드교환형 궤도의 부품

[그림 41] 장비별 궤도형태

수명판단은 통상 일체형일 경우 스틸부분이 지면과 접촉할 때, 교환형일 경우에는 슈바디의 그라우져 부분이 지면과 접촉할 때로 보고 있다. 참고로 철궤도는 조향시 전차중량에 의해 도로가 파손 될 수 있다.

분리형 궤도의 수명은 독일의 경우 궤도몸체 6,000～12,000km, 궤도 800～3,000km 미국의 경우 궤도몸체 약 4,000km, 궤도 1,300 km 정도의 성능을 보이고 있다.

34. 전차의 연료 적재량과 연비는?

현대의 주력전차는 8드럼 내외의 연료를 적재하며 500km내외의 항속거리를 주행할 수 있도록 설계되어 있어 연료 1리터로 약 200～300m 주행 할 수 있다. 이 연비는 연료 1리터로 약 8～15km를 주행하는 일반 승용차 운전자들에게는 상상도 할 수 없을 것이다.

참고적으로 항속거리(Cruising range)는 다음과 같은 공식으로 계산되며 여기서 V : 차량의 속도(km/h), Q : 연료 탱크용량(ℓ), ρ

: 연료비중(경유 0.8), P : 엔진의 출력(PS), q : 연료소모율(g/PSh)

$$L = \frac{VQ\rho}{qP} \text{ (km)}$$

연료소모율 q는 디젤엔진의 경우 전 부하(Full Load) 190, 1/4부하250을 대입하여 항속거리를 계산한다.

35. 항속거리와 실제 주행거리는 동일한 의미인가 ?

일반자동차에 연비를 표시하고 있지만 주행조건에 따라 연비가 상이하다는 것을 느꼈을 것이다. 가령 고속도로 주행시에는 생각보다 많은 거리를 주행할 수 있지만 주행과 정지를 반복하는 시가지에서는 생각보다 연비가 작다. 전차도 일반 자동차처럼 항속거리와 실제 주행거리는 차이가 많다.

항속거리를 측정하는 기준은 각국마다 상이하지만 통상 비포장도로 40%, 포장도로 20%, 공회전 40%를 기준으로 측정하며 실제 전투주행거리는 항속거리의 약 ±50% 내외인 것으로 알려져 있다. 예를 들면 500km의 항속거리를 갖는 디젤전차는 실제 전투에서 약 250km 정도 기동할 수 있다.

36. 전차의 예비연료 탱크는 필요한가 ?

소련에서는 차체 뒷부분에 원통형의 예비연료 탱크를 탑재하고 있는데 반해 서방측 전차는 거의 예비연료 탱크를 부착하고 있지 않다.

이러한 예비 연료탱크는 전투 전까지 예비연료를 사용하고 전투시에는 연료탱크를 분리시킴으로서 연료탱크 노출로 인해 화재를 감소시키고 전투 전 최대한 연료가 만충되어 전투에 임할 수 있기 때문에 후속 군수지원면에서 유리하다. 그러나 관점에 따라서 예비연료탱크를 부착한 것을 단점으로 보는 시각도 있으나 단점보다는 장점이 많은 것 같다.

[그림 42] Leclerc전차 후미에 장착된 예비 연료탱크

37. 전차에 항법장치가 필요한가 ?

걸프전시 현저한 지형지물이 없는 사막지형에서 지도에 의해 방향을 유지하는 것은 대단히 어려운 일이었을 것이다. 그래서 어떻게 미군이 사막에서 방향을 유지했을까 궁금했다. 왜냐하면 그 당시 GPS[8](Global Positioning System)란 말이 생소했고 그에 대해 들어본 적이 없었기 때문이다.

---

8) Inertial Navigation System(관성항법장치)

　실제 훈련 시에도 훈련지형이 아닌 임의의 지형에서 작전을 수행한다면 지휘자(관)는 방향을 유지하기 위해 많은 고민을 하게 되겠지만 만약 항법장치가 장착되어 있다면 그에 대해 더 이상의 고민은 하게 되지 않을 것이다. 이러한 GPS나 기타 장치를 이용하여 전차의 위치를 정확히 파악한다면 방향을 유지하기 위한 노력이나 포병화력을 유도하기 위해 고민해야 하는 요소가 사라지게 될 것이다. 기존 지도와 나침반을 이용하여 방향을 유지하는 것은 기본적으로 나침반이 전차라는 큰 금속제에 의해 오동작 할 수 있을 뿐만 아니라 야간에는 주변의 지형지물을 보는 것이 제한되기 때문에 현대의 주력전차들은 어떠한 형태로든 항법장치를 장착하려 하고 있다.

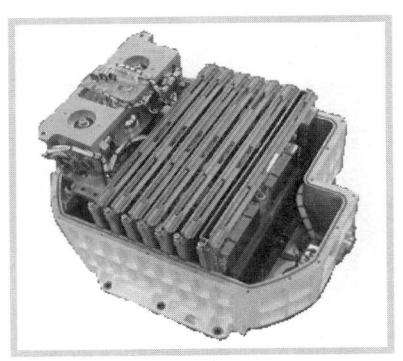

[그림 43] INS/GPS[9] (복합항법장치)

---

9) GPS 방식은 위성을 이용하여 위치를 확인하는데 이는 적의 Jamming에 취약하므로 이를 보완하기 위해 관성항법장치와 복합한 항법장치를 사용함

참고적으로 M1A2전차에는 POS/NAV라는 내장형 항법장치를 장착하고 있으며 NBC 위협은 물론 운동에너지탄의 충격에도 견딜 수 있도록 되어 있고 그 크기는 15×18×30cm, 무게는 9kg 정도로 알려져 있다.

POS/NAV라는 항법장치를 장착함으로서 목표에 도달하는 정확도 96% 증가, 시간적으로 42% 절약, 연료 12% 절약, 이동거리 10% 절약, 위치보고는 99% 정확도를 기할 수 있게 되었다고 한다.

38. 일반차량이 기동할 수 없는 논같은 지역도 전차가 기동할 수 있는가 ?

전차는 「표 3」에서 보는 바와 같이 일반차량보다 접지압이 낮기 때문에 일반차량이 이동할 수 없는 지역을 이동할 수 있다.

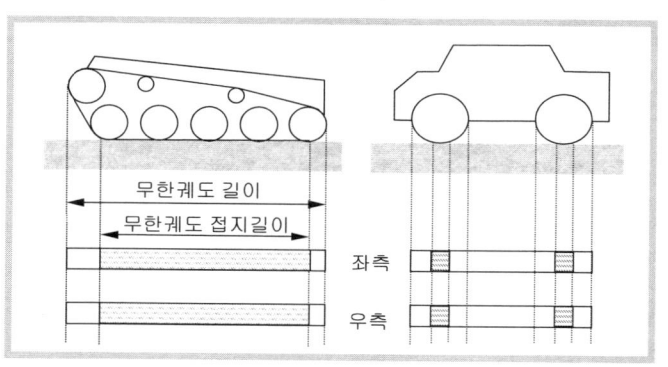

(a) 전차의 접지면   (b) 차량의 접지면

[그림 44] 전차와 차량의 접지면 비교

전차는 중량이 무겁지만 「그림 44」처럼 궤도가 지면에 닿는 면적이 많기 때문에 중량이 분산되어 접지압이 상대적으로 낮아져 장륜형(바퀴형) 차량이 가지 못하는 지역을 이동할 수 있는 것이다.

일반 자동차중 4륜 구동방식 차량이 평시에 2륜 구동하다가 지형이 험한 지역에서 4륜 구동으로 전환하여 그 지역을 빠져 나오는 이유가 바로 접지압과 관련이 있는 것이다.

접지압의 값이 노면의 허용 접지압보다 작으면 차량은 그 노면의 통과가 가능하다고 말할 수 있다. 여기서 접지압은 통상 차량의 중량을 궤도 접지면적으로 나눈 값으로 다음과 같은 공식으로 계산된다.

$$p = \frac{\text{차량중량}\,W\,(\text{kgf})}{2 \times \text{접지길이}\,L\,(\text{cm}) \times \text{궤도폭}\,B\,(\text{cm})}$$

[표 3] 각 차량의 접지압

차량의 종류	접지압(kgf/cm^2)
주력전차	0.8~1.2
장 갑 차	0.4~0.6
승 용 차	1.5~2.5
인 간	0.4~0.5

39. 바퀴형 전차가 존재하나 ?

전차가 이동하기 위해서 궤도식과 차륜형(바퀴형)이 고려될 수 있다. 하지만 차륜형이 가지고 있는 획득비용, 유지비용의 장점에도 불구하고 전차의 중량을 차륜형이 지탱할 수 있는 하중을 초과하고, 최악의 지형에서 기동할 수 있어야 한다는 군의 요구성능을 충족하기 위해 궤도형을 사용한다. 만약 전차가 30톤 이내의 중량으로 제작된다면 차륜형이 주력전차에 채택될 수 있으나 군에서 요구하는 방호력, 화력을 발휘하기 위해서는 전투중량이 50톤을 상회할 수 밖에 없으므로 궤도형 외에는 대안이 없다. 외국의 경우 30톤 미만의 전차와 장갑차에 차륜형을 사용하고 있다. 참고로 기존 6×6, 8×8 차륜형 외에 10×10이 추진되고 있다. 여기서 6×6이란 바퀴가 6개이며 6개의 바퀴가 구동한다는 것을 의미한다.

40. 가스터빈 엔진과 디젤엔진중 더 효율적인 엔진은 ?

가스터빈엔진과 디젤엔진은 각각의 장단점이 있다. 「그림 45」와 같은 원리로 작동되는 가스터빈엔진은 출력에 비해 가볍고 간결하여 공간을 활용할 수 있고, 다종의 연료를 사용할 수 있으며, 온도가 낮은 지역에서도 쉽게 시동을 것 수 있다는 장점이 있으나 연료소모율이 높고, 소음이 크다는 단점을 가지고 있다.

「그림 46」과 같은 원리로 작동되는 디젤엔진은 출력 당 엔진의 크기와 중량이 크다는 단점이 있으나 인화성이 낮은 경유를 사용하므로 피탄시 전차화재 발생률을 줄이고 연료소모율이 낮아 항속거리가 길다는 장점이 있다.

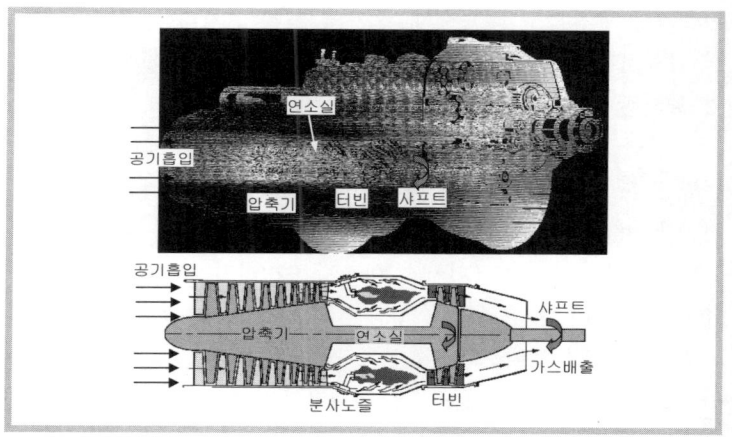

[그림 45] 가스터빈엔진 작동원리

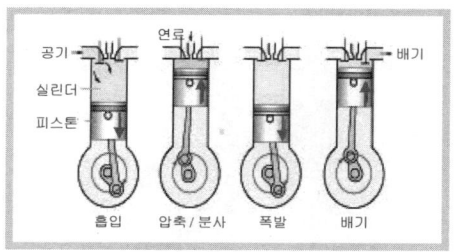

[그림 46] 디젤엔진 작동원리

위에서 언급한 장·단점 중에서 연료소모율은 전투지속성 측면에서 중요한 요소로서 가스터빈엔진을 사용한 M-1계열 전차가 걸프전시 유류보급에 큰 애로가 있었던 것을 볼 때 결코 바람직하지 않다고 볼 수 있으며 미국이 추진하고 있는 Abrams전차의 재구성 사업의 핵심이 엔진 "Re-Power Program"으로 AGT 1500 터빈 엔진을 디젤엔진으로 대체시켜, 전차의 운용 유지비를 줄이려고 노력하는 것을 볼 때 가스터빈 엔진은 한국과 같은 여건에서 효율적인 동력장치는 아닌 것 같다.

1994년 스웨덴에서 실험한 자료에 의하면 3,700km 주행시 가스터빈을 사용하는 M-1계열 전차는 디젤엔진을 사용하는 레오파드 전차에 비해 연료를 2배 더 사용했다는 결과가 이를 반영해 주고 있다(연료소모율 : M-1전차 100km당 920리터, 레오파드Ⅱ 전차 500리터 소모).

러시아의 경우 가스터빈엔진을 장착한 T-80U전차의 후속모델인 T-90전차에서는 디젤엔진을 채택하였는데 그 이유가 무엇인지를 생각한다면 쉽게 답을 찾을 수 있을 것 같다.

당분간 가스터빈엔진의 연료소모율이 급격히 줄어들지 않는 한 각국의 주력전차 엔진으로 선택되기는 어려울 것 같다.

[그림 47] MTU 883 디젤엔진

41. 전차는 고장이 자주 발생하나 ?

모든 장비에 고장이 발생하지만 전차는 타 장비에 비해 고장이 자주 발생한다. 그 이유는 60톤 내외의 중량이 이동하기 위해 각각의 부품들이 유기적인 역할을 하여야 하며 어느 한 순간에 부하가 집중되면 고장이 발생하기 때문이다. 이는 기계자체의 결함이거나 수명주기를 다해 발생할 수 있으며, 아니면 승무원의 부주의에 의해 발생되기도 한다. 통계를 보면 러시아전차는 250km, 서구전차는 300km 주행시 마다 고장이 발생하는 것으로 나타나 있다. 그리고 또 한가지 중요한 이유는 군에서만 사용하는 특수장비로 그 수요가 제한되어 그 신뢰도가 상용장비(동력장치)에 비해 떨어진다고 볼 수 있다.

42. 장거리 이동시 전차는 어떻게 이동하나 ?

전차는 타 장비에 비해 고장이 잦기 때문에 장거리 이동시 전차 자력으로 이동하기보다는 열차나 전차수송차량을 이용하여 이동하는 것이 유리하다. 따라서 전차 설계시에는 이를 반영하여 전차의 폭을 열차가 수송할 수 있도록 터널의 폭, 그리고 안전거리를 고려하여 설계에 반영한다. 지상에서 이동시에는 「그림 48」과 같은 전차수송차량을 이용하여 이동함으로서 전차의 전투력을 보존하고 승무원의 피로도를 감소시키며 전차 고장시 정비소까지 이동시킬 수 있다.

[그림 48] 전차수송차량(상)과 열차를 이용한 전차이동(하)

43. 전차는 하천을 어떻게 건너는가 ?

전차가 하천을 건너는 방법에는 도섭과 도하가 있다. 도섭이란
보조장비 없이 하천을 건너는 것을 의미하며 도하란 중문교, 부교
라는 공병장비를 이용하거나 전차에 장비를 부착하여 하천을 극복

하는 것을 의미한다. 통상 전차는 엔진실에 물이 유입되지 않는 높이, 즉 1.5m 내외에서 보조장비 장착 없이 도섭이 가능하지만 그 이상의 수심에서는 별도의 장치가 필요하다. 이러한 도하의 방법에는 「그림 49」처럼 1개소 이상의 해치가 탈출통로 및 관측용으로 항상 수면 상부에 위치하여 도하하는 심수도하, 엔진 또는 승무원실에 스노클이 장착되어 전차가 수면 이하에서 운용되는 잠수도하, 통신용 안테나 등을 제외하고 완전잠수하여 운행하는 완전잠수도하의 세가지로 구분된다.

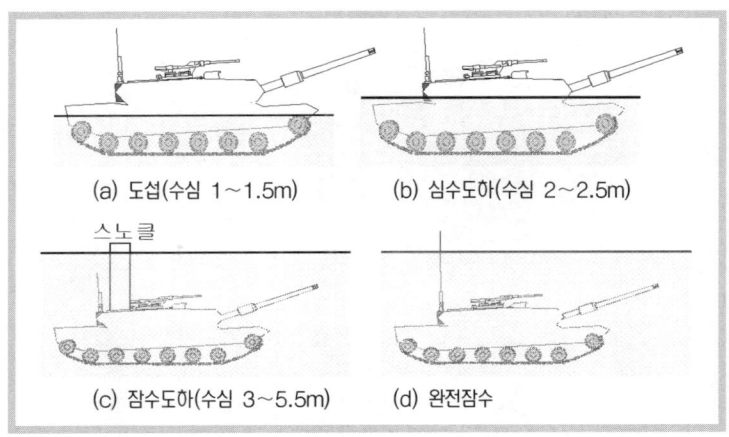

[그림 49] 도하개념별 운용형태

심수도하와 (완전)잠수도하를 위해 조종수 해치를 닫고 차체/포탑간 레이스링 부위를 압축공기로 씰을 팽창시켜 밀폐하며 수심 이하의 높이에 있는 각종 개구부를 밀폐 처리한다. 하지만 그 이상의 수심은 불가능하여 스노클(Snorkel)이라는 장비를 장착하는데, 이 장비는 물위에 선단을 노출시켜 공기를 흡입하는 장치이다. 이

장비를 장착함으로서 4∼5m 깊이의 하천을 도하할 수 있다. 이때
조종수는 전방을 관측하면서 조향하는 것이 아니라 전차장이 선단
에 위치하여 차내전화로 조종수에게 방향을 지시한다.

　도하시 차내로 유입되는 물은 배수펌프로 배출하며 도하를 종
료한 후 잔존하는 물을 배출할 수 있도록 배수밸브를 운용한다.

[그림 50] Leopard 2A4 전차의 스노클 장착 형상(잠수도하: 4m)과 스노클을 이용하여 하천 도섭

44. 전차는 지뢰지대를 어떻게 극복하나 ?

전투자료를 분석하면 전차에 가장 피해를 많이 주는 무기체계는 지뢰로 알려져 있다. 따라서 이러한 지뢰지대를 효과적으로 극복하기 위한 수단을 강구중이며, 자체 극복을 위해 전차에 도자킷이나, 도자삽날, 지뢰제거용 로울러를 장착하거나 별도의 지원장비를 지원 받기도 한다.

[그림 51] 전차에 부착된 지뢰쟁기(상) 및 지뢰제거 전차(하)

45. 전차는 얼마만한 두께의 나무들을 극복할 수 있나 ?

제2차 세계대전시 독일은 프랑스의 마지노선을 우회하여 예상치 못한 아르덴느 삼림으로 기동함으로서 신속하게 프랑스를 점령한 적이 있다. 이것은 전차가 삼림지역을 통과할 수 없다는 고정관념에 사로잡혀 삼림지역에 전투력을 배비하지 않았기 때문에 발생한 것으로 전차의 기동능력은 우리가 생각하는 그 이상이다. 다음 「표 4」는 전차가 기동할 수 있는 수목의 크기를 나타낸 것이다.

[표 4] 전차가 주행할 수 있는 수목의 크기

전차의 중량(t)	산림의 대부분을 점유하고 있는 수목의 직경(cm)	독립수목의 직경(cm)
17	10	15
43	22	32

또한 전차는 접지압이 낮아서 얼음 덮인 하천을 도하할 수 있는데 그 두께는 「표 5」와 같다.

[표 5] 전차통과를 위한 얼음 두께

차량의 중량(t)	3일간의 평균기온에 대한 얼음의 최소 허용두께(cm)			최소 차량 거리(m)
	−10℃미만	−10℃~0℃	0℃이상 (단, 짧은 온난기의 기간)	
50	64	70	80	40
60	70	77	88	45

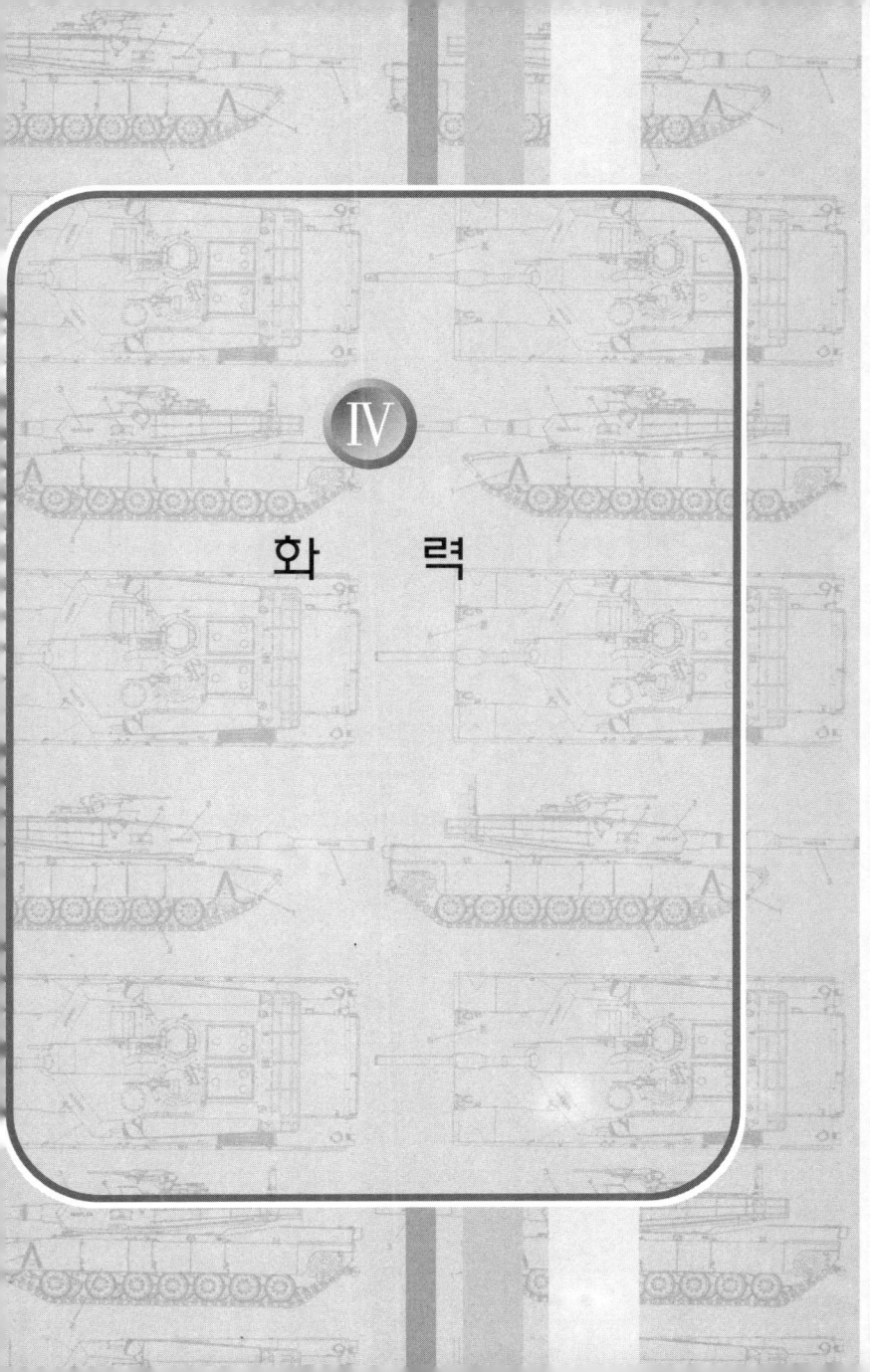

IV

화　　력

46. 활강포와 강선포의 탄 비행원리는 ?

화살이 대기 중을 비행하며 요동을 할 때에는 화살의 무게중심을 기준으로 흔들린다. 「그림 53」에서 G점이 무게중심이며 이를 중심으로 요동을 하면 G점 압력의 표면적이 그 뒤쪽보다 커지므로 압력이 G점 앞쪽에 더 크게 미치게 되어 결국 화살은 더 불안정해지게 된다. 따라서 압력중심 P가 무게중심 G보다 훨씬 뒤쪽에 오게 함으로서 안정화시킬 수 있게 되는데 넓은 표면적을 가진 날개를 뒤쪽에 달게 되면 이것이 가능하게 된다. 이러한 방법으로 안정시키는 것을 날개안정식이라 한다. 날개안정은 길이가 길고 단면적이 작은 탄자에는 필수적이다. 그러나 날개에 의해 항력이 발생되며 측풍(횡방향 바람)의 영향을 받게 된다. 이러한 이유 때문에 비과속도가 느린 경우 회전안정식을 사용하게 된다.

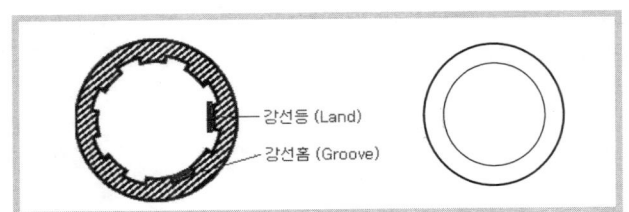

강선등 (Land)
강선홈 (Groove)

[그림 52] 강선포(좌)와 활강포(우)

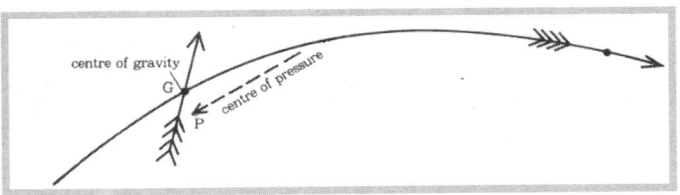

centre of gravity
G
P   centre of pressure

[그림 53] 날개안정의 원리

회전안정식은 대부분 탄자의 탄두가 좁고 기저가 넓기 때문에 탄자의 압력중심이 무게중심 앞에 오게 된다. 따라서 탄자에 강한 회전을 주어 안정시키는 것이 회전안정이다. 미식축구선수들이 공을 던질 때 회전을 시킴으로서 원하는 목표로 안정하게 보내는 것과 같은 원리이다. 연필과 같이 길이가 길고 단면적이 작은 물체는 회전에 의해 안정되기가 힘들며 길이가 짧고 단면적이 큰 물체가 회전에 의한 안정이 쉽게된다. 실제적으로 탄자의 길이가 단면의 7배 이상 될 때는 회전에 의해 안정화되지 않는다는 실험결과가 있다. 따라서 상대적으로 길이가 긴 로켓탄 또는 유도탄에는 회전안정을 사용하지 않고 날개안정을 사용한다. 회전안정에 있어서 탄자의 회전율은 대단히 중요한데, 탄자가 너무 빨리 회전하면 「그림 54」와 같이 탄두가 지나치게 과안정되어 탄도를 따라 탄두의 방향이 변화되지 않게 되어 지면에 떨어지게 된다. 이와 반대로 회전율이 너무 작으면 탄두가 탄도의 변화에 비해 너무 빨리 지면을 향하게 되어 탄자가 요동을 하고 결과적으로는 많은 항력을 받게 되어 사거리가 줄어들게 된다.

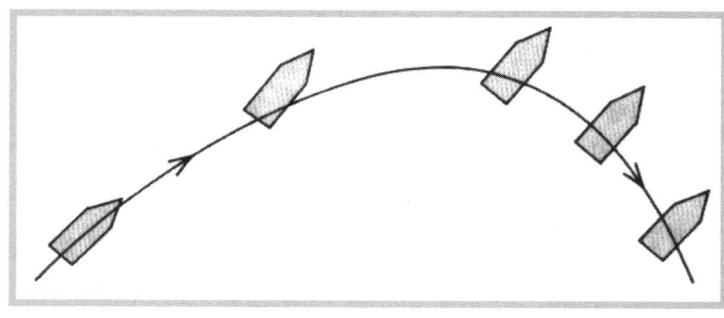

[그림 54] 회전안정의 원리

47. 전차 주포에 소총처럼 강선이 있는데 그 이유는 ?

주포 내에 강선이 있는 것은 탄을 안정시키기 위해서이다. 포구를 이탈한 탄자는 외부의 저항을 감소시켜야만 탄을 원하는 방향으로 비행할 수 있다. 이를 위해 탄을 회전시킴으로서 안정을 시키는 회전안정식(spin stabilization)과 탄에 날개를 단 날개안정식(fin stabilization)이 사용된다. 모든 재래식탄은 이 두가지 방식중 한가지 이상을 사용한다. 이러한 방법은 화살에 깃털을 부착한다거나, 볼링볼을 회전시킴으로서 면의 간섭을 감소시키는 것과 관련이 있다고 하겠다. 이러한 맥락에서 강선포는 포신 내에 강선을 두어 탄을 회전시키는 방법으로 탄을 안정시키고 있으며, 활강포는 포신 내에 강선이 없는 대신 탄에 날개를 부착하여 탄의 정확성을 증대시키고 있다.

48. 강선포와 활강포의 장단점은 ?

강선포와 활강포는 각각의 장단점을 가지고 있다.

강선포는 미끄럼밴드를 부착하여 날개안정식탄이나 기타 탄을 사용할 수 있어 다양한 표적을 제압할 수 있는 반면에 포신 마모율이 높아 수명이 단축된다는 단점을 가지고 있다. 강선포에 사용하는 HEAT탄은 탄의 특성상 표적에 명중시 회전을 하게되면 탄의 위력이 저하되기 때문에 HEAT탄에 날개를 부착하여 탄의 위력이 감소되지 않도록 하고 있다.

이에 반해 활강포는 강선의 저항이 없어 강선포에 비해 상대적으로 탄 초속이 증대되어 관통력 및 근거리에서 정확성이 증대되며,

포신 제작이 용이하다. 또한 제작단가가 저렴하며 포신 마모가 적어 명중률 유지 및 포신 수명이 연장된다는 장점을 가지고 있다. 그러나 원거리 사격시 명중율이 저하되고, 탄약의 정밀가공으로 제작단가가 높으며 날개형 탄약만을 사격해야 하는 단점을 가지고 있다.

49. 전차포 구경이 증대되는 이유는 ?

구경이 증가함에 따라 포구속도가 증가하여 전차포의 사거리, 관통력 및 정확도를 향상시킬 수 있다. 그 이유는 운동에너지탄의 경우 구경이 증가함에 따라 운동에너지가 증가하며(MV^2), 화학에너지탄은 통상포구경의 4~6배 정도의 관통력을 가지기 때문이다.

이러한 주포 구경의 증대를 세대별로 구분 짓기도 하는데, 제1세대 주포는 제2차 세계대전 직후부터 1950년 말까지 M-26, M-46, M-47전차에 장착된 90mm급 주포를 의미하며, 제2차 세계대전 직후에는 고작 30mm~50mm가 주류를 이루었고 전쟁중기에 들어서면서부터 75mm급으로 일반화되었으며, 전쟁말기에는 90mm급이 등장함에 따라 6년 사이에 전차포의 구경이 약 2배정도 증대되었다.

제2세대 주포는 1960년 후반부터 1970년 중반까지 105mm급이 주류를 이루게 되는데 이에 해당하는 전차는 M60A1/A3, K-1, Leopard Ⅰ, AMX-30, T-62 등이 여기에 속한다.

제3세대 주포는 1970년 후반부터 등장하게 되는데 120mm급이 주류를 이루게 되며 여기에는 M1A1/A2, Leopard Ⅱ, Challenger등이 속하게 되는데 공교롭게도 동구권의 전차는 서방의 전차보다 5~10mm이상의 주포 구경을 보유하고 있다.

그러한 현상은 그 당시 공산권 국가의 공격위주 사상과 서방에 비해 상대적으로 열세한 탄 관통능력을 포 구경증대로 상쇄하려는 노력으로 보인다.

50. 현재 전차포 구경은 120mm(러시아 125mm)가 최고인데 더 큰 구경의 주포가 제작될 수 있나 ?

전차는 관통력을 증대시키기 위해 주포의 구경이나 구경장을 늘려왔다. 그러나 동서화해에 따라 더 큰 구경의 주포, 즉 140mm를 제작하는 것을 포기한 것으로 보인다.

이스라엘 MK4의 경우도 최초 140mm 주포를 장착하려 하였으나 120mm 주포로 대체되었다. 그 대신 관통력 증대를 위해 탄약을 개선하려는 노력과 기존 고체추진제 대신 액체추진제나 전열포를 대안으로 연구 중에 있다.

그 외의 방법으로 구경장을 늘리는 것을 채택한 스웨덴의 S전차는 105mm 62구경장 주포를 장착하고 있는데, 이는 실용 가능한 포신 구경장의 한계라고 볼 수 있다.

현재 서방의 주력전차는 55구경장 주포를 장착하거나 44구경장을 55구경장으로 대체되고 있다. 이에 따라 포구초속이 1,600~1,800m/sec, 포구에너지는 12MJ까지 향상된 장갑 관통력을 가지게 되었다. 그렇지만 55구경장 포신이 44구경장에 비해 1.3m가 길어짐[10]으로서 밀집지역이나 조밀지역, 야지주행성능 저하가 예상된다.

---

10) 이론적인 수치이며 실제 포신이 포탑내부로 들어오는 부분이 있으므로 1.3m 가 길어지는 것은 아님

51. 전차포 구경의 한계는 ?

주포의 관통력 증가를 위해 과연 얼마만큼 구경을 증대할 수 있을 것인가 하는 한계에 봉착하게 된다. 그 한계는 전차의 중량, 포탑 용량, 탄 적재발수를 고려할 때 155mm이내일 것이라고 보는 견해가 많다. 그러나 포탑내 체적 감소와 탄약적재 발수의 감소[11]는 군에서 채택하기 어려울 것으로 판단된다.

52. 전차포의 유효사거리 ?

유효사거리는 "명중률 50%를 보장하고 탄의 효력을 나타낼 수 있는 거리", "살상 또는 손해를 주도록 정확하게 사격할 수 있다고 믿어지는 거리"라고 정의하고 있다. 모든 소구경화기(소총, 기관총 포함)는 명확하게 유효사거리를 정의 할 수 있지만 전차의 경우 사격전차(전차포의 구경, 사격통제장치), 탄종, 대상표적의 장갑의 두께에 따라 유효사거리가 유동적이다. 참고적으로 전차포는 서구권의 표준 105mm 강선포, 탄종은 APFSDS탄과 HEAT탄, 표적을 북한의 T-62로 한정할 경우 APFSDS탄은 2,000m, HEAT은 3,000m로 유효사거리를 판단하고 있다.

53. 전차의 교전거리는 ?

적전차와의 교전거리는 지형 등의 조건에 따라 다르겠지만 OR (Operational Research)의 보고서에 의하면 유럽지형은 2,000m 정도

---

11) 동일 체적의 포탑내에 105mm주포가 120mm주포로 대체된다면 탄 적재발 수는 약 30% 감소

가 가장 많고, 3,000m을 초과하는 경우는 17% 정도에 달한다고 알려져 있지만 「표 6」과 같이 실제 전투자료를 보면 사막지형과 같은 개활지가 아닌 경우 2,000m 이내에서 교전이 이루어지는 것을 알 수 있다. 또한, 1,000～3,000m의 사정거리에서 적전차와 대치하는 경우 3발 이내에서 격파하지 않으면 역으로 상대 전차에게 파괴되어질 확률이 많다고 알려져 있다.

[표 6] 전투별 전차간 교전거리

구 분		전투사거리(m)	비고
제2차 세계대전	서 유럽지역	800	일반적 전투거리 : 800～1,500m
	아프리카 지역	900	
한국전쟁	시도양호	765	일반적 전투거리 : 1,000m 이하
	시도불량	565	
중동전쟁	6일 전쟁(3차)	800～1,100	
	10월 전쟁(4차)	1,000～1,500	
걸프전	다국적군	2,000～2,700	
	이라크군	1,500	

54. 세계에서 가장 빠른 재래식 탄은?

재래식탄 중에서 탄속이 가장 빠른 탄은 전차탄이다. 전차탄 중에서도 운동에너지탄의 일종인 APFSDS탄으로 1,800m/sec 내외의 속도로 비행한다. 이는 소총탄의 약 2배의 속도로, 추진장약을 액체화한다면 초당 3,100m 이상의 포구속도가 가능할 것으로 보이나 현재 연구중이다.

현재의 120mm 구경의 고체추진제로는 2,000m/sec를 상회하는 포구초속은 힘들 것으로 보인다. 「표 7」은 APFSDS탄의 모델별 포구속도를 보여주고 있다.

[표 7] APFSDS탄의 포구속도

국 가	모델	구경 (mm)	포구에너지 (MJ)	포구속도 (m/s)	관통력 (mm)	비고
러시아	BM-9	125	6 미만	1800	350	2.1km
	BM-12			1800	340	2.1km
미국	M829	120	9	1675	509	2.0km
	M829A1		9	1675	600~650	2.0km
이스라엘	CL3069	120		1650	480	2.0km
	CL3143				665	2.0km

55. 전차에 사용되는 비살상무기 (Non Lethal Weapon) 는 ?

비살상무기는 단어 자체에 그 의미를 내포하고 있으며 고려되고 있는 방법으로 "Vision Denial" 시스템이 있다. 이 시스템은 적 장비 조준장치의 사용능력을 감소시키거나 거부하려는 것으로 적의 광학장비가 탐지되면 바로 포 발사장치와 연결되어 자동으로 아군을 조준하고 있는 적의 조준경을 파괴하거나 고출력레이저를 사용하여 조준경 운용자의 눈을 멀게 하는 것이다.

그러나 이 기술은 인간에게 사용되기에는 잔인한 기술이라는 비난을 피할 수 는 없을 것 같다.

56. 헌터-킬러 기능이란?

　현대 주력전차는 동시에 다수표적과 교전하기 위해 전차장에게 포수처럼 사격할 수 있는 임무를 부여하고 있다. 이를 위해 전차장 조준경(CPS : Commander Primary Sight)을 장착하게 되는데 이를 통해 포수가 사격하고 있는 동안에 전차장은 이 조준경을 통해 표적을 획득, 조준하고 있다가 포수의 사격이 종료된 후 주포를 전차장 조준경 차선에 획득된 표적으로 신속히 전환하여 교전시간을 단축할 수 있도록 하는 시스템이다. 즉 「그림 55」와 같이 포수가 사격하는 동안(①) 전차장은 조준경을 통해 추가적인 표적을 탐색/획득, 조준(②)하면, 포수의 사격이 끝남과 동시에 주포가 회전하여 포수 조준경에 전차장이 획득한 표적이 자동적으로 전시(展示)된다. 따라서 포수는 표적 탐색없이 즉시 조준/사격(③)이 가능하여 사격시간이 단축되고, 전차장은 또 다른 표적을 탐색(④)할 수 있게 되어 동시에 다수의 표적에 대한 교전이 가능하다. 여기서

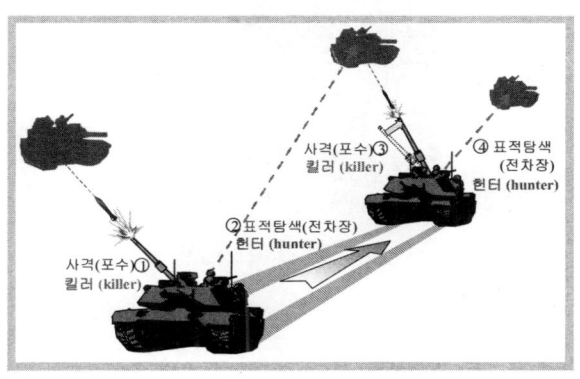

[그림 55] 헌터-킬러 개념도

[그림 56] K1에 장착된 CPS(상)와 이를 국산화한 KCPS(하)

②, ④의 전차장을 표적을 찾는 hunter에 비유한다면 ①, ③의 포수는 표적을 파괴하는 killer에 해당되어 이러한 시스템을 헌터-킬러라 부르게 되었다. 이러한 헌터-킬러 기능은 K1전차에 장착되어 운용중에 있으며 이를 국산화한 KCPS가 K1A1전차에 장착되어 있다.

미국의 경우 M1A2에 이 기능을 추가하여 탐지로부터 발사까지의 시간단축은 물론 다수표적에 대한 대응능력이 향상되어 M1A1에 비해 공격력 54%, 방어력 100%가 향상되었다고 한다.

[그림 57] M1A2에 장착된 GPS와 CPS

57. EFP (Explosively Formed Penetrator) 탄이란 ?

자기단조(Self-Forging) 파편탄두 기술이라고 하며, 화약폭발로 인하여 약간 오목한 접시형으로 된 두꺼운 금속판이 전방 또는 후

방쪽으로 겹쳐져서 강력한 관통력을 가진 하나의 금속 관통자 형 태(Slug)로 변형되도록 설계하여 전차의 상부 공격용으로 사용된다.

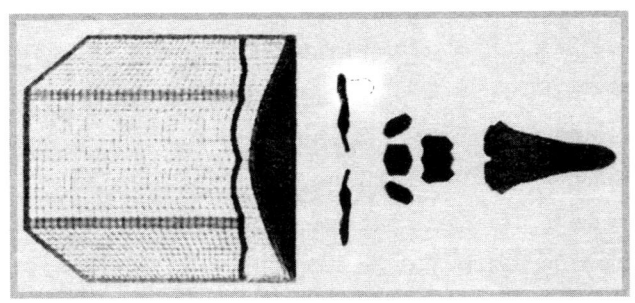

[그림 58] EFP 탄두 기폭 형상

58. 전차에서도 미사일을 발사할 수 있나 ?

러시아는 포 발사용 미사일을 선호하고 있으나, 미국은 최근에 들어서 포 발사용 미사일을 개발하고 있다. 미국의 경우 1960년과 1970년에 포 발사용 미사일을 개발하려 했으나 포기했고 최근에 들어 STAFF(Smart Target Activated Fire And Forget)를 개발하고 있다. 이 STAFF를 기존 포탄 대신 4발을 추가 장착할 시 219% 전 투효과가 증대된다는 보고서가 제출되어 있다. 미국이 포 발사용 미사일을 최근에 개발하게 된 배경에는 120mm 활강포 장착이전 에 강선포를 장착하여 포 발사용 유도탄 사격에 제한이 되었으나 활강포를 장착함으로서 포 발사 유도탄 사격이 가능하게 되었고, 구경이 증대됨에 따라 탄 적재발수가 감소되고, 장거리 정밀사격 이 요구되어졌기 때문이다.

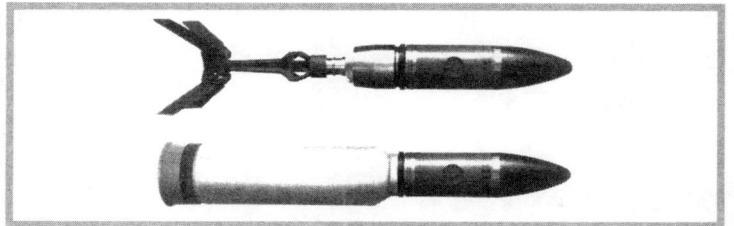

[그림 59] STAFF 탄의 형상

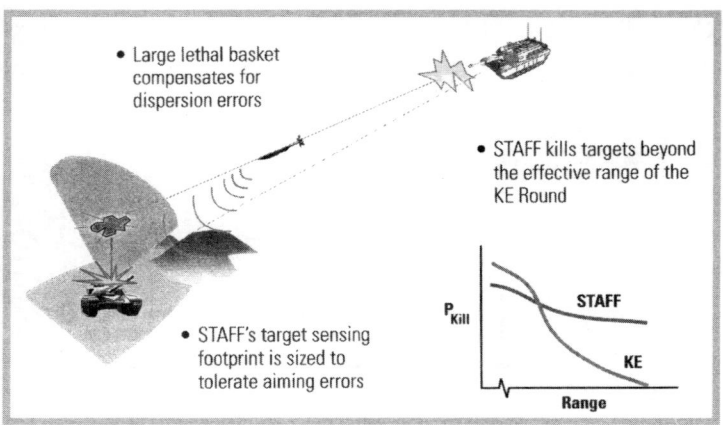

- Large lethal basket compensates for dispersion errors

- STAFF kills targets beyond the effective range of the KE Round

- STAFF's target sensing footprint is sized to tolerate aiming errors

P_{Kill}

STAFF

KE

Range

[그림 60] STAFF탄의 운용 효과

　포 발사용 미사일은 장거리에서 탁월한 명중률을 보이나 고가이며, Fire And Forget 방식이 아닌 경우 계속 빔을 발사함으로서 전차가 다른 표적과 교전하지 못한다는 단점을 가지고 있다.

　참고로 STAFF탄은 2종의 밀리미터파 센서, 즉 전방 감시용 및 하방 감시용 센서를 채택하고 있다. 전방 감시용 밀리미터파 센서는 표적의 탐색, 식별 및 포착 기능과 탄의 회전 제어 지령 기능을 보유하고 있으며, 하방 감시 밀리미터파 센서는 신관을 통해 탄두

를 기폭시켜 적전차의 상부를 공격하는 120mm 전차포용 지능 포
탄으로 EFP 탄두를 적용함으로서 원거리에 엄폐 또는 은폐된 장갑
표적 등을 제압할 수 있으며 장갑 관통력은 120mm 수준이다.

59. 액체추진포의 잇점은 ?

현재의 고체추진제를 사용하는 주포는 분자량이 큰 화약가스
CO_2의 단열팽창을 이용하고 있어 「그림 61」에서 보듯이 이미 한
계에 이르렀다.

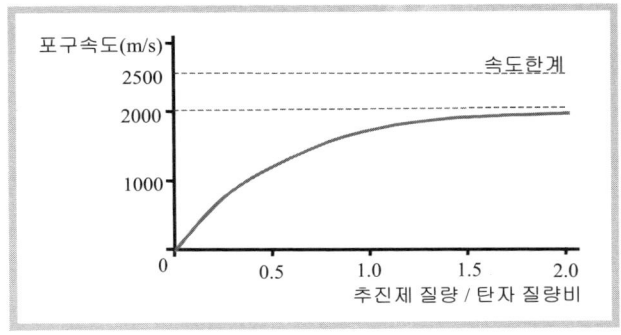

[그림 61] 고체추진제의 포구속도 한계

고체추진제를 사용하는 120mm 주포를 기준으로 포구초속 2,000
m/sec 이상은 불가능한 것으로 알려져 있다. 따라서 포구초속을 증
가하기 위하여 액체추진포가 연구중에 있다. 액체추진제는 1950년
경부터 미국 및 독일에서 연구가 시작되어 현재 소구경탄에서는
2,400m/sec의 높은 포구속도가 실현되었고, 또한 미국의 GE사에서
는 105mm포의 시험발사에도 성공하였다고 한다.

액체화약의 이점으로는 높은 포구속도뿐만 아니라 포강 마찰감
소, 발연감소, 탄피 불필요, 화약 수용공간 유리, 사거리 조절 유리,
화약 보관, 수송 편리와 제조비용 감소 등이 있다. 한편, 단점으로
는 취급이 어렵다는 점이다. 현재 고려되어지고 있는 시스템으로
는 한 종류 액체식과 두 종류 액체식이 있다.

「그림 62」는 두종류 액체식의 개념도를 나타낸 것이며 사격방
법은 액체추진제를 약실 내에 주입하고 순간 발화하는 방식이 사
용된다.

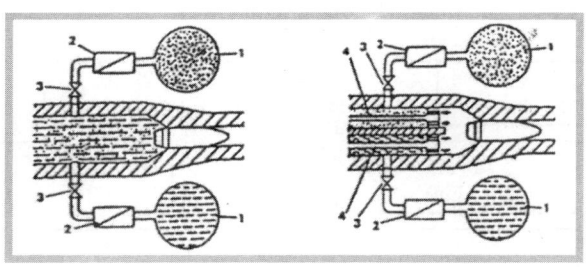

[그림 62] 두 종류 액체식 액체화약

60. 전열포란 ?

개량형 장갑을 관통하기 위해서는 18MJ[12]정도의 에너지가 필요
하나 현재 고체추진제를 사용하는 전차포는 9-12MJ정도의 위력으
로 그 한계에 봉착해 있다. 따라서 액체추진포처럼 고체추진제를
대체하기 위해 전열포에 대한 연구가 진행되고 있으며, 현재 기술
로 5MJ 정도의 위력은 가능하나 전형적인 전차 체적의 절반을 점

---

12) 1MJ의 위력은 중형자동차가 160km/h로 주행할 때의 에너지

유할 것으로 판단되어 이를 실용화 수준으로 소형화하기에는 많은 시간이 소요될 것으로 판단된다.

전기에너지를 이용하는 전기포는 전열화학포와 레일건으로 구분되는데 이러한 전기포는 「그림 63」과 같이 전자포(레일건)와 전열포(전열화학포)로 구분되며 100% 전기에너지에만 의존하는 레일건보다는 레일건에 필요한 전기에너지의 10~30%만을 사용하는 전열화학포가 실용적일 것으로 보인다.

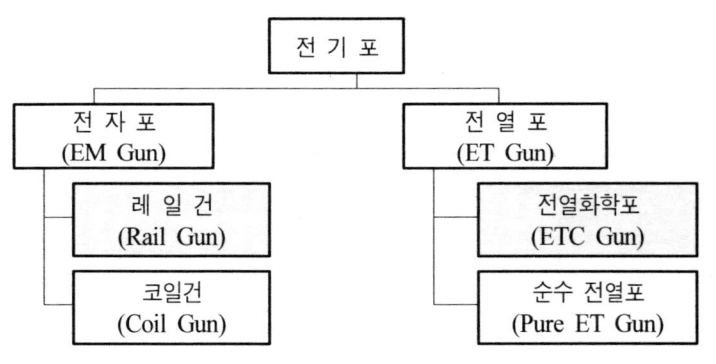

◇ EM Gun   : ElectroMagnetic Gun
◇ ET Gun   : ElectroThermal Gun
◇ ETC Gun   : ElectroThermal-Chemical Gun

[그림 63] 전기포의 종류

한편, 전열화학포의 한 형태로서 전열점화포(ETI)의 개발도 추진되고 있다. 이는 0.5MJ 이하의 소량 전기에너지로 고체추진제를 점화시키는 장치로, 장약을 효율적으로 점화함으로서 120mm 전차포의 포구에너지를 15MJ 수준까지 증대시킬 수 있다고 한다.

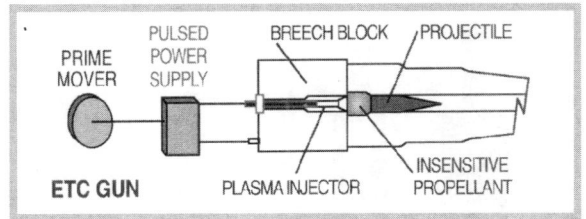

[그림 64] 전열화학포 개념도

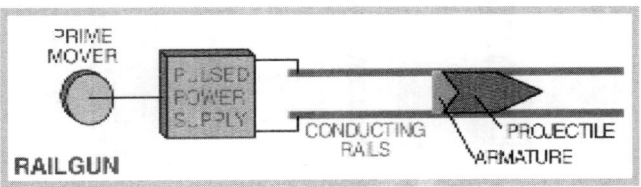

[그림 65] 레일건 개념도

전열화학포는 말 그대로 전열포와 화학포의 결합된 형태로서
전열포가 가지는 복잡한 전기장치를 최소화함으로서 전열포보다
실용단계를 앞당길 수 있으리라 판단된다. 전열포의 원리는 전기
적 자기장으로 자석과 자석을 밀어내는 것처럼 강력한 프라즈마로
탄을 발사하는 것이다. 여기서 프라즈마란 일종의 방전 현상을 이
용하는 것이다

61. 전차탄의 종류는 ?

전차탄은 탄자의 폭발여부에 따라 크게 운동에너지탄과 화학에
너지탄의 두 가지 형태로 구분된다.

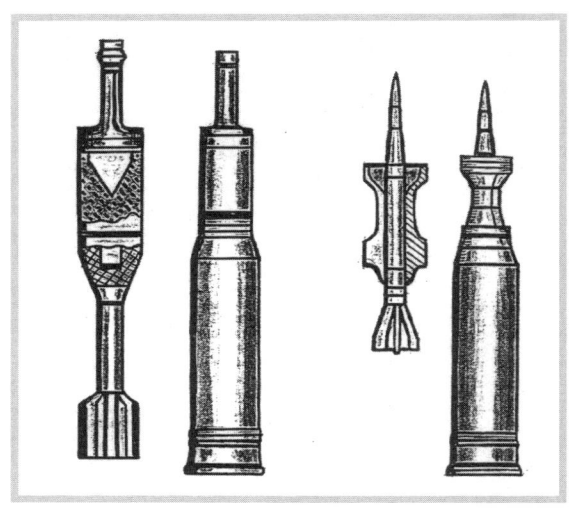

[그림 66] 대표적인 화학에너지탄인 HEAT(좌) 운동에너지탄인 APFSDS(우)

운동에너지탄은 탄이 가지는 관통자의 물리적 특성과 운동에너지로 목표물을 관통하는 전차의 대표적인 탄종으로 관통력은 탄자의 질량(m)과 표적에 대한 충돌속도의 제곱 (V^2)에 비례한다.

$$E_k(관통력) = \frac{1}{2} mV^2$$

운동에너지탄은 현대 전차가 복합장갑이나 반응장갑 등으로 무장한 지금에도 가장 효과적인 대전차 관통 수단으로 사용됨으로서 전차를 지상전의 왕자로서의 지위를 재확인시키는 역할을 하고 있다. 그러나 거리에 따라 운동에너지가 감소하며, 특히 발사시에 다량의 에너지가 필요하므로 탑재 차량은 무겁고 크게 제작될 수밖에 없는 단점을 가지고 있다.

화학에너지탄은 표적에 충격시 재폭발하는 것으로 그 형태에 따라 크게 고폭탄(HE : High Explosive), 대전차고폭탄(HEAT : High Explosive Anti Tank)으로 구분된다.

고폭탄은 가장 기본적인 포탄 중 하나로 주로 대인, 비장갑 목표물에 사용된다. 명중시 신관이 작동하면 내부 폭약이 폭발하고 파편을 사방으로 비산시킨다. 포병이나 박격포의 고폭탄과 다를 것은 없지만 간접 사격이 아닌 명중률이 높은 직접 조준사격이므로 그 효과는 매우 높다.

대전차고폭탄은 장갑에 명중시 내부의 화약 폭발력을 라이너에 집중시킴으로서 금속 제트가 형성되는 원리를 이용하는 것으로 성형장약탄(Shaped Charge)이라 부르기도 한다. 이는 19세기 말 스위스 출신의 두 기술자가 먼로효과[13]를 응용한 것으로 이러한 원리를 응용한 대전차고폭탄은 포탄 자체의 속도와 무관하게 탄 직경의 4~6배 정도를 관통할 수 있어서 보병용 대전차로켓이나 무반동총, 대전차 미사일등에 사용된다. 전차용과 원거리 교전시 사용되었으나 최근에 복합장갑의 발달로 대전차 효과는 많이 반감됐다.

62. 전차에 적재하는 탄약 종류는 ?

적재탄수는 전차의 내부공간에 따라 정해지지만 적재탄종은 임무에 따라 상이하다. 제2차 세계대전시 전차들의 탄종 구성은 철갑탄과 유탄 그리고 몇 발의 연막탄이었지만 대전 말부터 대전차고폭탄이 실용화되면서 철갑탄, 대전차고폭탄, 고폭탄이 전차 포

---

13) 1880년 미 해군 어뢰창에 근무하던 Charles Munroe 박사가 고안한 장갑관통 원리

탄의 주류를 이루었으나 현재는 주포 구경의 증대에 따른 포탑 내부 용적 감소로 적재발수가 감소함에 따라 다수의 다양한 탄종을 적재하기 보다는 대전차용 탄약을 늘리고 대인용 탄약은 줄이며, 한가지 용도보다는 다목적으로 사용할 수 있는 탄을 선호하는 추세이다. 따라서 전형적인 APDS, HE, HEAT를 대신하여 APFSDS 또는 HEAT-MP[14]를 적재한다.

63. HEAT탄의 원리 ?

일반 고폭탄은 탄 중심축의 직각방향으로 분산되기 때문에 대부분 공중으로 파편이 비산하고 탄의 파편이 고르지 않고 중량 분포나 형상이 적절치 않다. 이러한 파편들은 전체 파편의 80%를 차지하며 실제 파편효과가 있는 것은 전체 파편의 10%를 초과하지 못하는 것으로 알려져 있다. 따라서 고폭탄은 전차 관통용으로는 성능이 부족하기 때문에 대전차용 고폭탄이 필요하게 되었다. 대전차고폭탄은 「그림 67」과 같이 장갑에 명중시 내부의 화약 폭발력을 라이너에 집중시킴으로서 금속 제트가 형성되는 원리를 이용한 것으로 성형장약탄(Shaped Charge)이라고도 한다. 이 HEAT탄은 19세기 말 스위스 출신의 두 기술자가 먼로효과라는 원리를 응용한 것으로 포탄이 장갑에 명중시 신관이 작동하고 내부의 화약이 폭발하면서 좁은 면에 집중되면 이 힘에 의하여 장갑판의 극히 좁은 면을 뚫게 되며 이때 금속의 가스에 의한 메탈 제트가 장갑을 엄청난 운동 에너지와 온도로 관통하고 내부의 인원을 살상하

---

14) HEAT탄과 HE탄의 역할을 할 수 있는 다목적탄

거나 탄약을 유폭시켜서 전차를 폭파시킨다. 이때 분사물질의 속도는 3,000~15,250m/sec며 압력은 25,000기압에 달한다. 이 탄은 특히 포탄의 발사속도와 무관하며 탄두직경의 4~6배 정도를 관통할 수 있어서 보병용 대전차 로켓이나 무반동총, 야포의 대전차 사격, 대전차 미사일등에 사용된다.

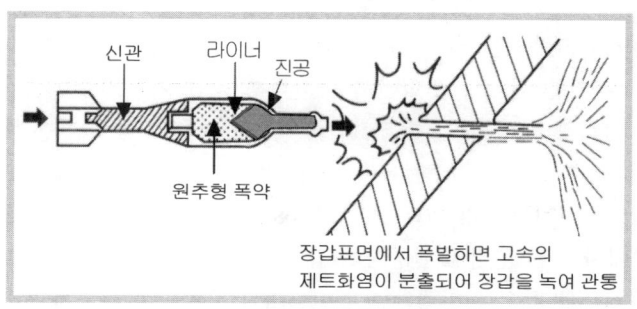

[그림 67] 대전차 고폭탄의 장갑관통

64. APFSDS탄이란 ?

1960년대부터 활강포에 대한 개발 시도가 있었고, 소련의 T-62 전차는 115mm 활강포를 탑재하였다. 여기에 사용된 포탄은 기존 APDS탄에 안정을 위해 추가적으로 날개를 부착했으며, 날개에 의한 안정이 이루어짐으로서 L/D비(탄의 길이 대 직경 비)가 커질 수 있게 되어 관통자의 운동에너지를 극대화시킬 수 있었는데 이를 APFSDS탄(날개안정분리철갑탄)이라 한다.

날개안정분리철갑탄의 관통성능을 향상시키기 위해서는 관통자의 운동에너지를 크게하고 탄자의 재질을 향상시키는 것이 중요하다. 운동에너지를 극대화하기 위하여 탄을 안정시키는 것이 중요한데 날개에 의해 탄이 안정되면서 L/D비가 12에서 20정도로 상향되어 APDS에 비해서 관통력은 2배 이상 향상되게 되었다. 단 날개안정식이므로 측풍의 영향을 받게 된다.

초창기 T-62의 APFSDS탄은 1,500m이상의 원거리에서는 명중률이 급격히 저하되었는데 포탄, 포신, 사격 통제장치의 성능 등도 관련이 있지만 측풍의 영향도 컸다고 볼 수 있다. 현대의 전차는 측풍감지기를 장착하고 있어서 바람의 영향을 자동으로 탄도계산기에 입력하여 이 값을 보정해 주며 오히려 포탄이 회전을 하지 않으므로 포탄의 탄도는 더 안정적이며 명중률은 높아졌다고 볼 수 있다. APFSDS탄의 원리는 「그림 68」처럼 포의 추진장약의 압력을 받기 위해 소구경의 관통자를 감싼 이탈피가 포구내에서 압력을 받다가 포구 밖으로 비행하면서 이탈피가 분리되고 관통자만 비행하게 된다.

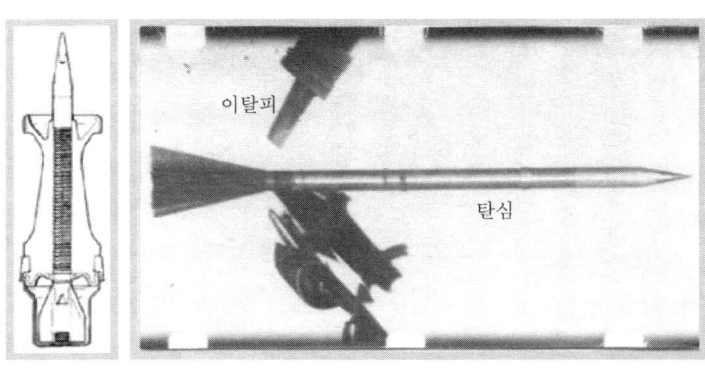

[그림 68] APFSDS탄의 형상 및 이탈피 분리 모습

65. 열화우라늄탄이란 ?

날개안정분리철갑탄의 관통성능을 향상시키기 위해서는 관통자의 운동에너지를 크게 하거나 탄자의 재질을 향상시켜야 한다.

탄자의 재질을 향상시키기 위해 관통자(Sabot)의 재료로 통상 텅스텐을 사용하였으나 텅스텐은 장갑판에 충돌시 탄두가 버섯모양으로 둥글게 눌려지는 단점이 있어, 발화성이 있고 충돌순간 연소되어 장갑판을 녹이면서 관통할 수 있는 열화우라늄이 1970년대 말부터 미국에 의해 사용되었다.

열화우라늄이란 천연우라늄(99.3% U238 + 0.7% U235)을 핵무기 및 원자로의 핵연료로 사용하기 위하여 농축처리 하는 과정에서 생기는 일종의 폐기물로서, 천연우라늄보다 낮은 U235(99.7% U238 + 0.3% U235)를 함유하고 있다. 그러나, 열화우라늄 관통자가 목표에 맞으면 연소와 함께 우라늄 산화물을 대기중에 방출하여 환경오염을 유발하고 인체에 치명적인 영향을 줄 수 있다. 열화우라늄은 걸프전병(Gulf War Illness)과 발칸 신드롬(Balkan Syndrome)의 주요 원인으로 지목되어 현재 세계적인 우려의 대상이 되고 있다. 미국에서는 환경오염 문제가 전혀 없는 텅스텐 중합금으로 대체하기 위한 연구를 진행하고 있다.

66. TANDEM 탄두 (개량형 대전차고폭탄)란 ?

대전차고폭탄이 (폭발)반응장갑에 명중시 반응장갑이 반응하여 탄의 위력이 감소함에 따라 이를 방지하기 위해 이중탄두를 장착하는데 이를 TANDEM이라 한다. 이 탄은 작약이 2개 직렬로 배

열하여 반응장갑 도달시 전면의 소형 자탄을 먼저 사출시켜 반응
장갑을 무력화하고 연속적으로 대전차고폭탄 탄두가 전차장갑을
관통하는 것으로서 반응장갑의 효과를 감소시킨다. 이는 일반 성
형장약탄이 탄두직경의 약 4~6배를 관통하는 것에 비해 탄두직
경 약 10배를 관통하는 것으로 알려져 있다.

「그림 69」는 TANDEM 탄두를 장착하여 장갑을 파괴하는 원리
와 형상을 보여주고 있다.

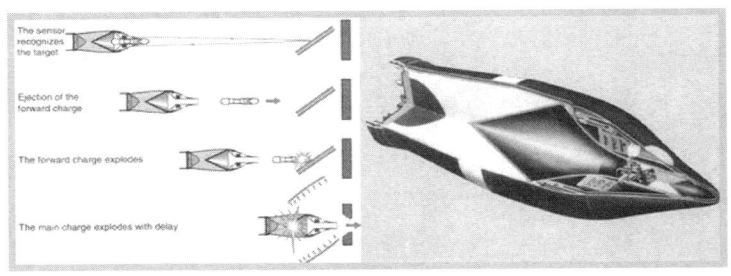

[그림 69] TANDEM 탄두에 의한 장갑 파괴

67. 전차탄의 장갑 관통력은 ?

관통력의 발전과정은 장갑과의 경쟁의 역사라고 할 수 있다. 현
재 대부분의 주력전차에 장착된 120mm급을 기준으로 운동에너지
탄인 APFSDS탄은 사거리 1,000m에서 500mm내외의 관통력을, 화
학에너지탄은 사거리와 무관하게 700mm 수준의 관통력을 보이고
있다. 이는 균질압연강[15](RHA)을 기준으로 한 것이다.

---

15) RHA(Rolled Homogenious Armor)는 장갑관통력 시험의 기준이 되는 판재

[그림 70] 장갑관통력 시험

68. 모든 전차가 K-1전차처럼 고지에서 하향사격을 할 수 있나 ?

전차의 주포는 360° 회전할 뿐 아니라 전차별로 상이하지만 −6 ～19° 범위내에서 사격할 수 있도록 고·저로 움직인다. 하지만 이 범위 이상의 고·저 사격을 위해서는 차체 현수장치의 높이를 조정 할 수밖에 없다. 한국의 지형여건을 고려한 K-1전차는 타국의 주력 전차에는 없는 Kneeling System을 이용하여 차체 전방을 −4° 낮춤으로서 −10°까지 저각 사격을 할 수 있다. 이것은 한국과 같은 산악지형에서 하향사격를 용이하게 하기 위한 것으로 K-1전차를 한국형 전차라고 부르는 이유 중에 하나가 바로 여기에 있다.

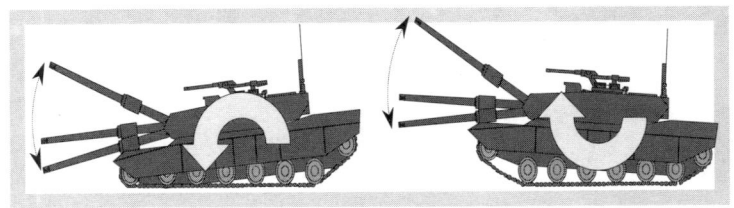

[그림 71] 유기압식 현수장치를 이용한 차체 고저변화

[그림 72] 유기압식 현수장치를 이용하여 주포를 최저각으로 낮춘 K-1전차

현재 K1전차는 저각사격을 위해 제한된 자세제어를 하고 있지만 완전한 자세제어를 하게 되면 상·하/전·후/좌·우 자세를 변화시킴으로서 연약지 및 장애물 통과능력 향상을 통한 기동력 증대, 피탐지/피탄 면적 감소를 통한 생존성 증대, 주포 사격범위 증대,

야지 기동속도 향상을 통한 기동력과 생존성 증대, 우수한 진동/충격 완화로 승무원의 전투능력 향상 및 고가/정밀 전자장비의 고장확률 저하, 노면 반력 감소로 인한 궤도 및 보기륜 내구성을 증대시킬 수 있다.

「그림 73」은 자세제어의 원리를 나타내는 것으로 작동 피스톤과 축압 피스톤 사이에 있는 유체의 양을 저속으로 가감하여 차량의 높이를 조정할 수 있다.

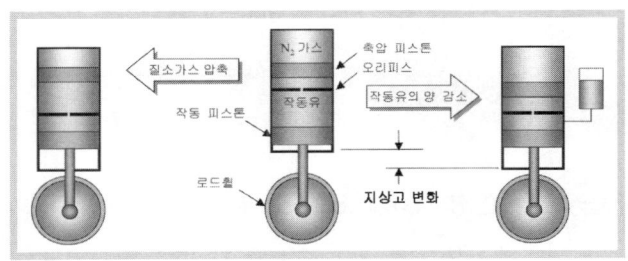

[그림 73] 자세제어 원리

참고로 「표 8」은 포의 사거리별 고각과 사거리의 관계를 나타내고 있다.

[표 8] 포의 사거리별 고각과 사거리의 관계

사거리(km)	주포고각(°)	높이(m)
2	20	728
	25	933
4	20	1450
	25	1865

69. 자동장전장치란 ?

탄약의 무게가 증가하고 기동간 사격의 필요성이 증대됨에 따라 탄약수가 협소한 공간에서 수동으로 장전하는 것은 한계가 있다. 따라서 자동으로 탄약을 약실 내로 공급해주는 자동장전장치의 필요성이 대두되고 있다. 러시아(구소련)에서 세계 최초로 개발한 이래 여러 가지 형태의 자동장전장치가 개발되었으나, 자동장전장치를 실전에 배치한 나라는 러시아, 프랑스, 일본 등 3개국뿐이다. 한국의 경우 차기전차에 적용하기 위한 시제품을 제작하고 있다. 탄약을 장전하는 방식에 따라 버슬형 장전장치와 캐러젤형 장전장치로 구분하고 있으며 세부적인 내용은 다음과 같다.

가. 버슬형 자동장전장치(bustle autoloader)

버슬형 자동장전장치는 포탑 후방에 탄 적재대가 위치하고 있으며 탄을 적재하고 선택된 탄을 장전위치로 이동시키는 탄통, 장전위치로 이동된 탄을 탄통으로부터 포미장치의 약실로 공급하는 장전기, 컴퓨터와 연결되어 탄종을 식별·선택·이송·장전 등 장전장치의 동작을 통제하는 제어장치 등으로 구성되어 있다.

포탄은 「그림 74」의 (a)와 같이 링크로 각각 연결되었으며 장전장치의 작동원리는 다음과 같다.

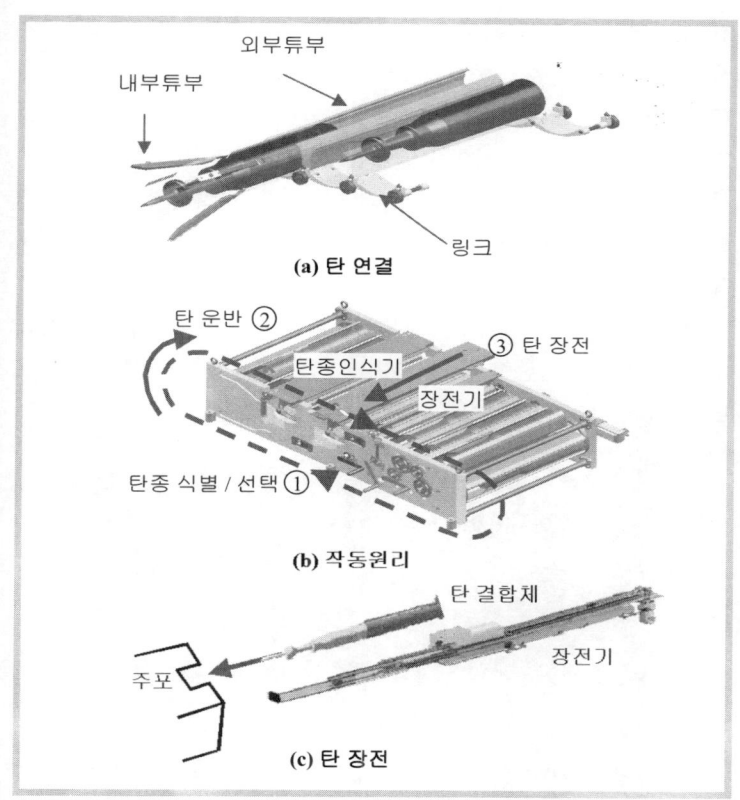

내부튜부

외부튜부

링크

(a) 탄 연결

탄 운반 ②

탄종인식기

③ 탄 장전

장전기

탄종 식별 / 선택 ①

(b) 작동원리

탄 결합체

주포

장전기

(c) 탄 장전

[그림 74] 버슬형 자동장전장치 작동원리

　탄을 자동장전장치내에 적재하면 우선적으로 탄통을 회전시켜 탄종인식기에 의해 적재된 탄의 탄종과 위치를 인식한다(①). 포수가 탄종을 선택하면 제어기내에 있는 데이터베이스에 의해 장전기로부터 가장 가까운 탄의 위치를 확인한 후 컨베이어 벨트와 유사한 운반장치에 의해 원하는 탄을 장전기 위치로 운반한다(②). 포신이 장전고각으로 구동되어 잠금장치에 의해 고정되고 약실내에 탄이 비어있는 것이 센서에 의해 확인되면 격실[16]의 장전문이 개방되면서 장전기가 작동하여 탄을 약실내로 장전하게 된다(③). 이후 장전기가 복귀하고 장전문이 닫히면서 포는 사격위치로 이동하게 되고, 동시에 탄통에서는 다음 탄 장전준비를 위해 컨베이어를 구동하게 된다. 버슬형은 탄약을 포탑 후방에 장착함으로서 장전소요거리가 짧아 장전속도가 빠르며 승무원을 탄으로부터 완전 분리하여 승무원의 생존성은 향상되나, 탄을 포탑에 적재함으로서 포탑 크기 증대로 인한 피격가능성이 증대된다는 단점이 있다.

[그림 75] Leclerc 전차에 장착된 버슬형 자동장전장치

---

16) 승무원의 안전을 목적으로 승무원실과 자동장전장치를 분리하기 위해 설치한 두꺼운 격벽

일본의 90식 전차와 프랑스의 Leclerc 전차 등이 버슬형 자동장전장치를 채택하고 있으며 「그림 75」에 Leclerc 전차에 장착된 버슬형 자동장전장치의 형상이 나타나 있다.

나. 캐러젤 자동장전장치(carousel autoloader)

포탑 아래(차체중앙)에 탄을 적재하는 방식으로 포탑하부에 탄과 장약을 분리적재하고 있는 탄통(바스켓), 탄통에서 선택된 탄을 포미 후방 장전기 위치까지 상승시켜 주는 탄이송기, 탄 이송기에 의해 전달된 탄을 약실에 장전하는 장전기 등으로 구성되어 있다.

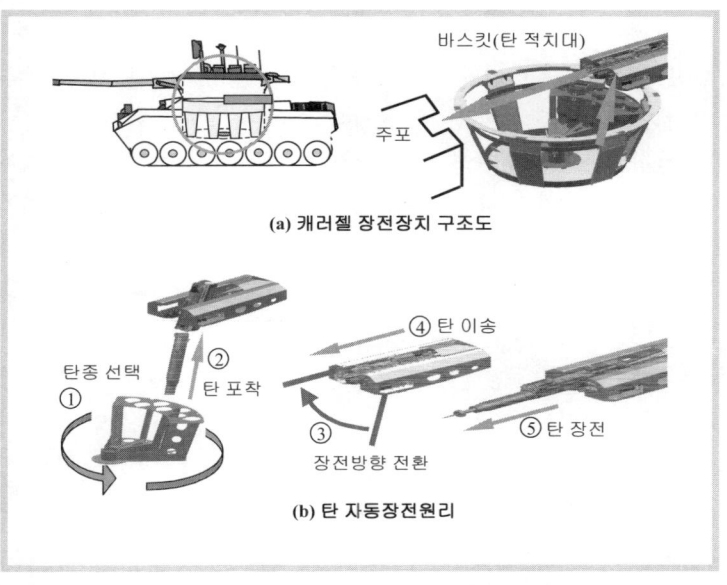

바스킷(탄 적치대)

주포

(a) 캐러젤 장전장치 구조도

④ 탄 이송

탄종 선택
①

②
탄 포착

③
장전방향 전환

⑤ 탄 장전

(b) 탄 자동장전원리

[그림 76] 캐러젤형 자동장전장치 탄 장전절차

147

[그림 77] 캐러젤형 자동장전장치

    캐러젤형 자동장전장치의 작동원리는 「그림 76」과 같다. 포수가 탄종을 입력하면 탄통(바스켓) 내의 탄 적치대가 회전하여 탄종을 선택한다(①). 포신이 장전고각으로 구동되어 잠금장치에 의해 고정되고 장전기로 탄을 포착(②)하여 탄통내의 탄 이송기에 의해 주포 후방에 정렬되고(④) 장전기가 탄을 장전한다(⑤). 이러한 캐러젤은 포탑 아래의 차체에 탄약을 배치하여 대전차탄에 의한 피격시 버슬형보다 더 안전하나 탄이 차체 내부까지 관통하는 경우 포탑내부에서 승무원실과 자동장전장치와의 분리장치가 없어 장전장치 폭발시 오히려 승무원의 생존성이 취약한 단점이 있다.

    이러한 자동장전장치를 사용함으로서 4명의 승무원이 3명의 승무원으로 감소되어 기존 탄약수의 공간을 활용할 수 있는 장점은 있으나 단차단위 전술행동에는 제한이 되리라 판단된다.

    자동장전장치가 고장날 경우에 대비하여 수동핸들에 의해 수동장전할 수 있도록 설계되어 있다.

70. 포구감지기 (MRS)란 ?

전차는 타 무기에 비해 장포신을 가지고 있으며 거의 지면과 수평상태로 설치되어 운용되기 때문에 평상시에도 포신이 미세하게 아래로 처지게 된다. 특히 여름철에는 포신의 윗 부분과 아래 부분의 온도차로 인해 포신의 변형이 발생하며, 연속 사격시에는 온도 상승으로 인해 명중률에 영향을 미칠 정도로 변형이 된다. 따라서 『그림 78』과 같이 포신의 처짐이나 휨을 감지하여 이를 보정하기 위해 포신의 끝에 단 센서를 포구감지기라 한다.

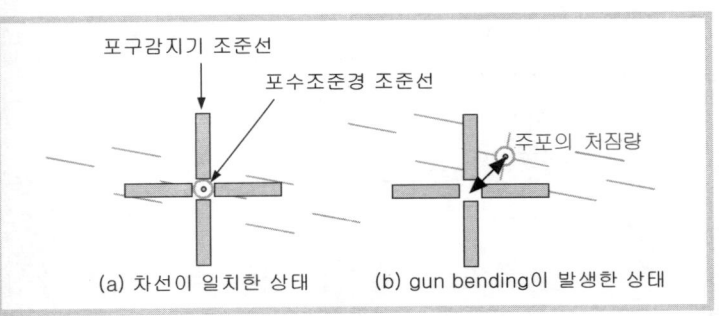

[그림 78] 포구감지기 차선조정

그러나 기존의 포구감지기는 포구 처짐을 계속적으로 측정 및 보정이 어렵다는 단점이 있어 최근에는 동적 포구감지기라는 한단계 발전된 개념의 동적 포구감지기가 개발되었다. 동적 포구감지기(DMRS, Dynamic Muzzle Reference System)는 레이저 송수신기와 반사거울로 구성되어 있는데, 송신기에서 레이저를 반사거울에 쏘아 반사되는 레이저를 수신하여 이 차이(포신의 처짐량)를 연속적으로 측정하여 보정하며, 탄이 포구를 떠나는 순간 포신이 직선이 되도록 격발순간을 조절함으로서 명중률을 크게 향상시켰다. 참고로 「표 9」는 탄이 발사될 때 에너지 효율의 비율을 나타낸 것으로, 전체에너지의 20%가 포신과 탄환의 가열에 사용된다는 것을 고려할 때 이에 대한 보정이 얼마나 중요한 것인가를 알 수 있다.

[표 9] 탄의 화약 연소에너지의 효율

구 분	효 율
탄환의 적진운동	32.0%
탄환의 회전운동	0.14%
포의 반동	0.12%
미연소 추진제 잔류에너지	44.43%
연소가스의 운동	3.14%
포신과 탄환의 가열	20.17%

[그림 79] K-1전차에 부착된 포구감지기(MRS)

71. 전차조준경의 배율은 ?

장거리 표적을 탐지, 식별, 조준하기 위하여 전차는 배율이 있는 광학장비를 사용한다. 이러한 광학장비는 통상 3∼10배율을 사용하게 되는데 저배율은 넓은 시계에서 표적을 확인할 수 있지만 사격시 부정확하기 때문에 조준시에는 고배율을 사용하여 사격한다. 한개의 조준경에 저·고배율을 동시에 장착하여 포수나 전차장이 상황에 맞게 선택하여 운용할 수 있도록 하고 있다. 현재 50배율 조준경 장착방안도 고려중에 있으며 장거리 사격시 현재의 고배율 조준경을 사용한다고 해도 차선이 전차를 가릴 정도로 전차가 작게 나타나 보인다.

72. 전차는 야간에 어떻게 사격을 하나 ?

제2차 세계대전중 전차의 야간전투에는 한계가 있었기 때문에 전쟁후 조종용과 사격용 야시장비가 개발되었다. 이 최초의 야시장비는 적외선 라이트(통상 라이트에 적외선 휠타를 장치한 것)로써 조사하고 그 반사파를 포착하여 영상화하는 능동식(Active)으로 적이 같은 파장의 적외선 탐지기를 장비하면 역탐지되는 결점이 있었다. 따라서 적외선을 필요로 하지 않는 미광증폭식 야시장비가 등장하게 되었다. 이 장비는 "Star Light Scope"라고 불리며 별의 밝기 정도의 미광을 증폭해서 영상화하는 것으로 완전한 어둠에서는 사용할 수 없는 결점이 있다. 그래서 도입된 것이 수동식 (Passive) 적외선 야시장치이다. 이 장치는 목표에서 발산하는 열선 (적외선)을 이용한 것으로서 능동식(Active)과는 달리 상대방에게 역탐지될 위험성이 없으며 기상에도 영향받지 않는다는 이점이 있다. 그러나 가시거리가 짧아 현재는 열영상장비를 사용하고 있다.

열상장비는 「그림 80」과 같이 적외선 광학계, 수평·수직주사장치, 검출기, 신호처리기, 영상재현장치로 구성되어 있다. 적외선 광학계는 표적과 배경이 발하는 적외선 영역의 에너지를 검출기 표면 상에 집적시킨다. 이를 주사장치(scanner)에 의해 일정 시야 내의 부분 영상 에너지를 순차적으로 적외선 검출기 면에 나열시켜 화면을 구성한다. 검출기는 입사된 적외선 에너지를 전기적 신호로 변환시켜 신호처리기에 전달하며 신호처리기는 적외선 검출기에서 나오는 전기적 영상정보를 영상재현장치에 눈에 보이는 가시광선 화면으로 재구성한다.

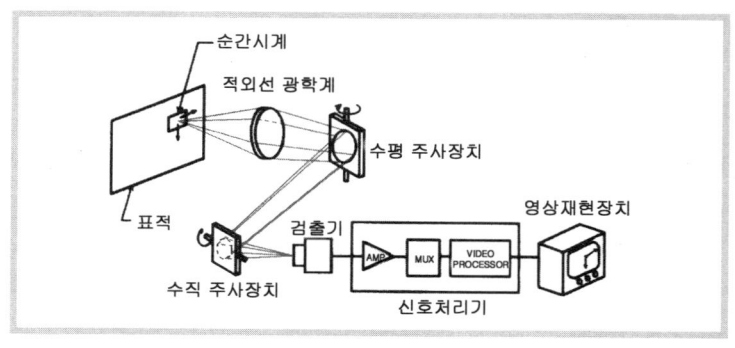

[그림 80] 열상장비의 작동원리

이러한 열영상장비는 전천후 작전을 가능케 하며 걸프전시 전차전에서 미군전차가 승리한 요인[17]중 하나이다.

---

17) 걸프전시 미군전차가 기동간 사격 능력과 원거리 사격 능력면에서 이라크군 전차에 비해 탁월함으로서 승리했다고 분석하고 있음

73. 전차는 기동간 사격이 가능한가 ?

소총병이 뛰면서 사격할 경우 표적을 명중시키는 것은 불가능하지만, 전함은 파도에 의한 요동 속에서 사격하는데 정확하게 표적을 명중시키는 것은 무엇 때문일까? 그것은 바로 포 안정화 장치가 장착되어 있기 때문이다. 만약 전차에 포 안정화장치가 부착되었다면 기동간 사격이 가능하지만 없다면 불가능하다. 한국이 보유하고 있는 전차중에서 K계열전차를 제외하고는 기동간 사격이 불가능하다.

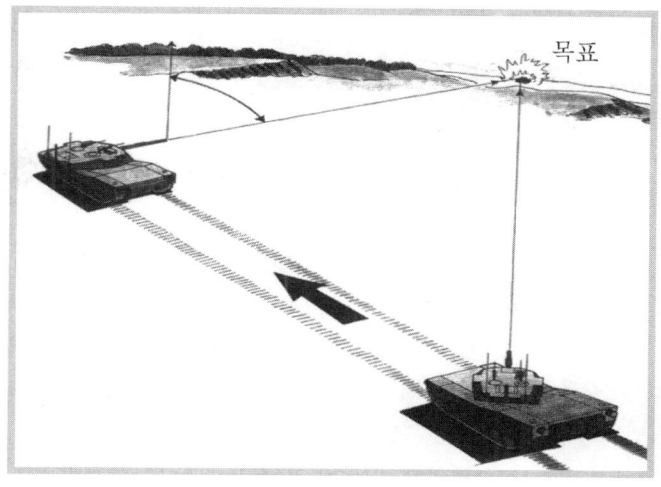

[그림 81] 기동간 사격

포 안정화장치는 "회전하는 물체는 회전관성의 힘 때문에 그 회전축을 유지하려는 성질이 있다"는 자이로(Gyro)의 원리를 이용한

것으로, 이 원리는 돌아가는 원반을 좌·우로 기울인다는 것은 회
전축의 방향을 바꾸어 주는 결과가 되어 회전축을 유지하려는 회
전관성과 저항하게 됨으로서 본래의 위치를 유지하는 것이다. 이
는 자전거가 넘어지지 않고 진행하는 것도 이러한 원리에서 기인
한다. 전차에 사용된 자이로 장치는 「그림 82」와 같다.

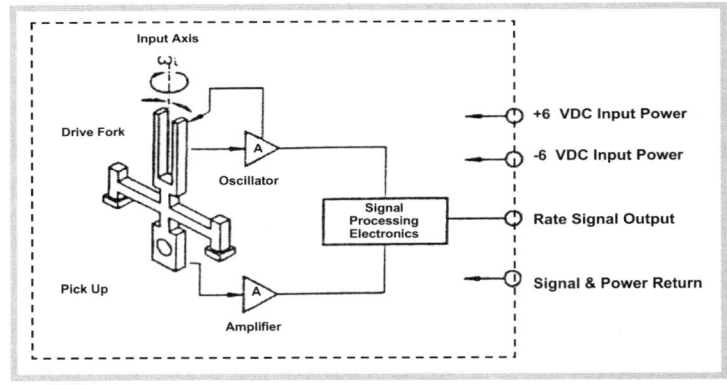

[그림 82] 전차에 사용되는 자이로

이 장치는 오래 전부터 함포에 사용되어온 기술로, 전차에는
1949년 소련의 T-54전차에 1축(차체 안정)이 사용되었고, 현재는
3축 안정장치(차체, 포탑, 조준경)를 사용하여 고속 주행간 사격이
가능하다. 전차에 적용시에는 포 제어 핸들 입력대신 자이로의 출
력으로 대체되며 「그림 83」에 나타낸 바와 같이 포 제어와 동일하
게 전기식과 전기-유압식의 두 종류가 있다.

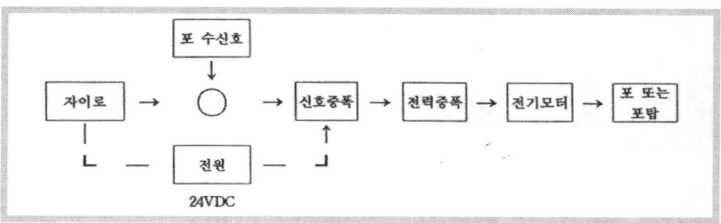

[그림 83] 전기식 자이로 출력 전달계통

74. 전차포 사격절차는 ?

전차포 사격을 위해서는 「그림 84」와 같은 구성품이 필요하다. 포수는 표적에 대하여 「그림 85」에 나타난 것처럼 레이저 거리측정기를 이용하여 사거리를 측정한다.

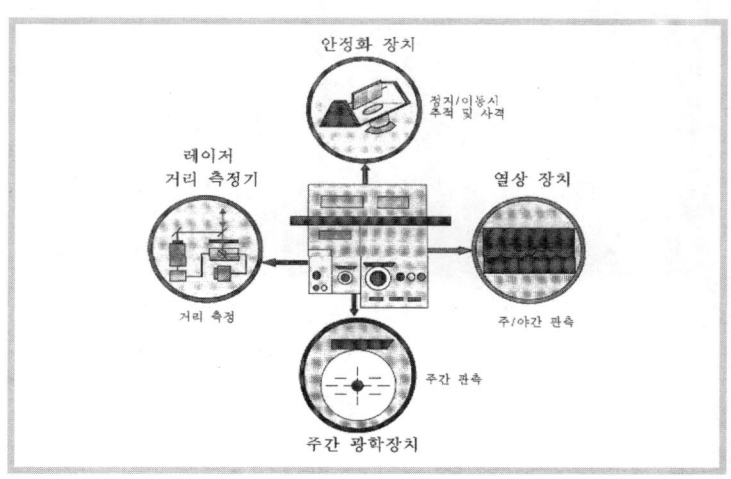

[그림 84] 사격통제장치

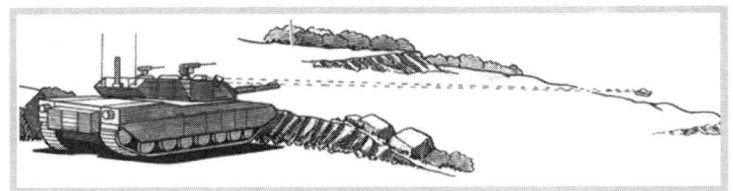

[그림 85] 레이저를 이용한 거리측정

측정된 거리에 따른 초고각을 탄도계산기가 계산하여 주포 고
저장치에 전달하면 포수는 조준경의 차선 중앙에 표적을 조준하여
사격한다. 이때 사격은 전차장 또는 포수가 실시할 수 있으며 통상
사격의 우선권은 포수가 있으나 긴급한 경우 전차장이 전동손잡이
를 사용하여 전차장 위치에서 사격을 할 수 있다

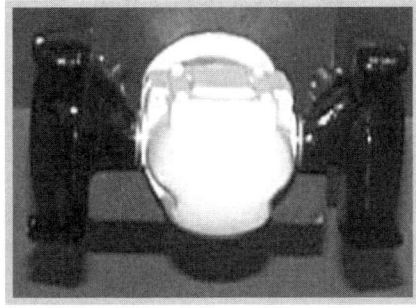

[그림 86] 전차장 조종기(좌)와 포수 전동손잡이(우)

75. 대공기관총 사격시 전차장은 상체를 노출하여야만 하는가 ?

전차장은 외부에 부착된 대공기관총을 이용하여 헬기나 지상표
적에 대해 사격을 할 수 있도록 되어있지만 전투시 전차장의 상체

가 완전히 노출된 상태라면 전차장이 효과적으로 사격을 할 수 있을 것인가 하는 의문을 제기할 수 있을 것이다. 이러한 문제점을 보완하기 위해 M48A2C, M48A3K전차는 전차장 포탑을 별도로 설치하여 기관총을 사격하도록 하였지만 탄피방출 등의 문제점으로 인해 더 이상 전차장 포탑 형태의 기관총 사격장치를 장착하고 있지 않다. 그 대신 현대의 전차에는 이러한 문제점을 해결하기 위하여 정상적인 자세로 장착된 대공기관총을 전차장 해치를 닫고 사격할 수 있는 원격제어 시스템을 채택하고 있다.

[그림 87] Leclerc 전차에 장착된 전차장 기관총

「그림 87」은 Leclerc 전차에 장착된 7.62mm 전차장 기관총으로, 기관총을 독립적으로 고저 및 선회를 원격으로 운용할 수 있도록 기관총 마운트에 별도의 조준장치, 구동모터가 장착되어 있다.

76. 전차포의 정확도는 ?

전차포는 타 화기에 비해 정확도가 대단히 높은 화기이다. 그 이유는 타 화기에 비해 포구초속이 소총에 비해 약 2배, 기관총에 비해 약 2.3배, 무반동총에 비해 약 3.5배 빠르기 때문에 그 만큼 비행하는 시간이 짧아 외부의 영향을 덜 받게 되며, 이동표적인 경우 표적이 이동한 만큼 오조준의 범위를 줄일 수 있는 이점이 있겠지만, 무엇보다도 전차의 사격통제장치에 입력되는 제원이 타 화기에 비해 월등히 많기 때문일 것이다.

참고적으로 전차포도 소총처럼 영점사격을 하는데 통상 1,200m 표적에 0.25mil(1mil은 1,000m에서 1m를 의미함) 범위 내에, 즉 60㎝ 이내에 탄착군을 형성해야만 영점을 획득했다고 할 정도로 매우 정확한 사격을 할 수 있다.

77. 전차포와 대전차유도탄 중 어떤 무장이 효과적인가?

전차 주무장으로 주포와 대전차유도탄을 고려할 수 있다. 이 두 가지는 각각의 장·단점을 가지고 있으며 어느 무장을 채택하는 것이 전장의 유동적인 환경하에서 적절한 것인가를 판단하여야 할 것이다. 한때 유도탄(GM)이 가지는 장점으로 인해 주포 대신 유도탄을 주무장으로 채택한 적이 있었으나 전투시 융통성이 제한되고, 유도탄이 가지는 다음과 같은 단점, 즉 비과속도가 느려 적으로부터 대응에 취약하며, 유도탄 탄두는 HEAT으로 되어 있어 반응장갑을 장착한 주력전차의 장갑을 관통하기 어렵고, 관통후에도 살상효과가 작으며, 발사속도가 매분 1발 정도로서 목표가 많은 경우에는 불리하고, 탄의 가격이 전차포탄에 비하여 고가라는 이유로 더 이상 채택되지 못하고 그 후속모델로 다양한 표적과 교전할 수 있는 주포가 전차의 주무장이 되었다.

그러나 「그림 88」에 나타난 바와 같이 2,000m 이상에서의 명중률은 유도탄(ATGM)이 전차 주포에 크게 앞서기 때문에 주포에서 발사하는 유도탄을 장거리용 보조화기로 사용하는 추세로 러시아와 이스라엘은 실전에 운용하고 있으며 미국은 연구중에 있다.

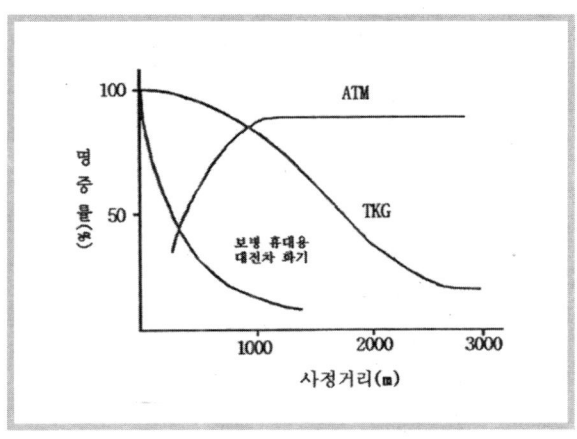

[그림 88] 사거리에 따른 유도탄과 전차의 명중율 비교

78. Caliber란 ?

Caliber란 구경의 크기 또는 포신 구경과 길이의 비를 의미하는 두가지로 사용된다. Caliber를 구경의 크기로 사용할 때, 예를 들어 한국전쟁시 사용된 기관총 Caliber 30은 구경의 크기, 즉 0.3인치×

2.54㎝＝7.62mm를 의미하며, 포신의 길이로 사용될 때는 구경장 (구경과 포신 길이의 비)으로 사용되는데 만약 120mm주포를 장착 한 전차의 포신이 55 Calibers라면 포신의 길이가 6.6m(120mm × 55)라는 뜻으로 이해하면 된다. 따라서 Caliber를 번역할 때 구경의 크기를 나타낼 때는 구경으로, 포신 구경과 길이의 비를 의미할 때 는 구경장으로 번역하여야 한다.

참고적으로 Caliber 30의 구경은 7.62mm로 M-60기관총의 구경 과 동일하나 약실 크기가 상이하여 혼용하여 사격하지 못한다.

79. 보병도 대전차용 운동에너지탄을 사격할 수 있나 ?

현대 주력전차의 정면을 관통하기 위해 지상무기중 전차(일부 대구경 화포를 장착한 장갑차 포함)를 제외하고 운동에너지탄을 사격할 수 있는 무기체계는 없다. 왜냐하면 운동에너지탄은 말 그 대로 고속의 에너지를 탄자에 집중시켜 전차의 장갑을 관통하는 것인데 이러한 고속의 에너지를 얻기 위해서는 다량의 추진제와 고중량의 탄자(120mm 주포의 APFSDS탄 탄자의 무게는 약 4kg 내외)가 필요하며 사격하는 무기는 이러한 압력을 견디기 위해 약 실이 충분히 두꺼워야 하기 때문이다. 따라서 휴대가 용이하도록 제작되어지는 보병무기 특성상 대전차용 운동에너지탄을 사격할 수 있는 무기는 없다. 따라서 모든 보병용 대전차무기에 포구초속 이 느리고, 사거리에 따라 관통력의 차이가 없는 화학에너지탄을 사용하는 이유가 바로 여기에 있다.

80. 전차는 주포 외에 어떤 무기를 가지고 있나 ?

전차는 주포이외에 별도의 화기를 탑재하고 있는데 이를 부무장이라 한다. 이 부무장은 장비한 위치에 따라 동일 구경의 화기라도 대공기관총, 공축기관총, 전방기관총이라 불린다. 대공기관총은 전차장이 운용하는 화기로 통상 12.7mm 기관총을 사용하며 대공임무를 수행한다.

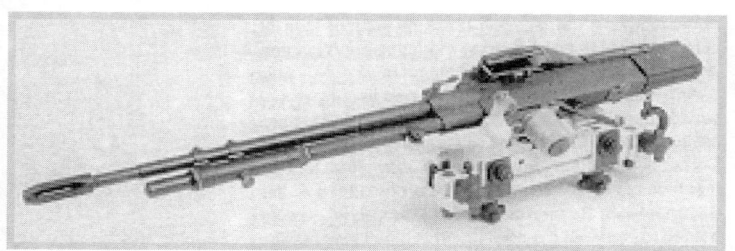

[그림 89] M1A1 전차의 전차장 기관총(상)과 K-1계열 전차에 장착된 M60E2 공축 기관총(하)

공축기관총은 7.62mm 기관총을 사용하며 전차 주포와 동일한 축선을 이루는 것으로 포수조준경을 통해 조준, 사격하며 보병, 차량 등 경표적에 사격한다. 전방기관총은 1세대전차에 사용되었던 것으로 현재는 사용하지 않으며 한국군이 일부 운용하고 있는 M-47전차의 경우 차체 전방부근에 위치하고 있다.

이외에도 4명의 승무원으로 구성된 전차에는 탄약수용 기관총을 차체 외부에 장착하기도 하며, 탄약수에게만 개인화기로 소총을 지급하여 경계용으로 사용하기도 한다. 그 외 승무원에게는 권총이 지급된다. 기타 제공되는 무기는 크레모아, 지뢰, 수류탄 등이 있다.

81. 전차도 곡사포처럼 사격할 수 있나 ?

이론적으로 가능하나 비용대 효과를 고려하여야 할 것이다. 전차탄은 포병탄에 비해 포구초속이 빠르기 때문에 포신마모가 높고, 고가이며, 주로 대전차용 탄약을 적재하기 때문에 간접 사격용은 부적절하다. 하지만 한국전쟁 기록영화(전차의 고각을 높이기 위해 논에 차체 전면을 올려놓고 사격)에서 보듯이 사격할 표적에 적합한 고각과 편각을 유지한다면 사격할 수 있다. 이를 진행하는 절차는 표적까지 사거리를 측정하고, 사격할 탄종을 선택한 후 초고각을 계산하여 사격하면 된다.

82. 전차포의 수명은 ?

전차 주포는 포구초속이 빠르기 때문에 타 화기에 비해 수명이 짧다. 105mm 주포를 기준으로 했을 때 1,000발을 사격하거나 포의 직경이 106.91mm에 도달하면 주포를 교체하며, 이를 위해 각 전차마다 포이력부를 비치하여 탄종 및 발수 등을 기록한다.

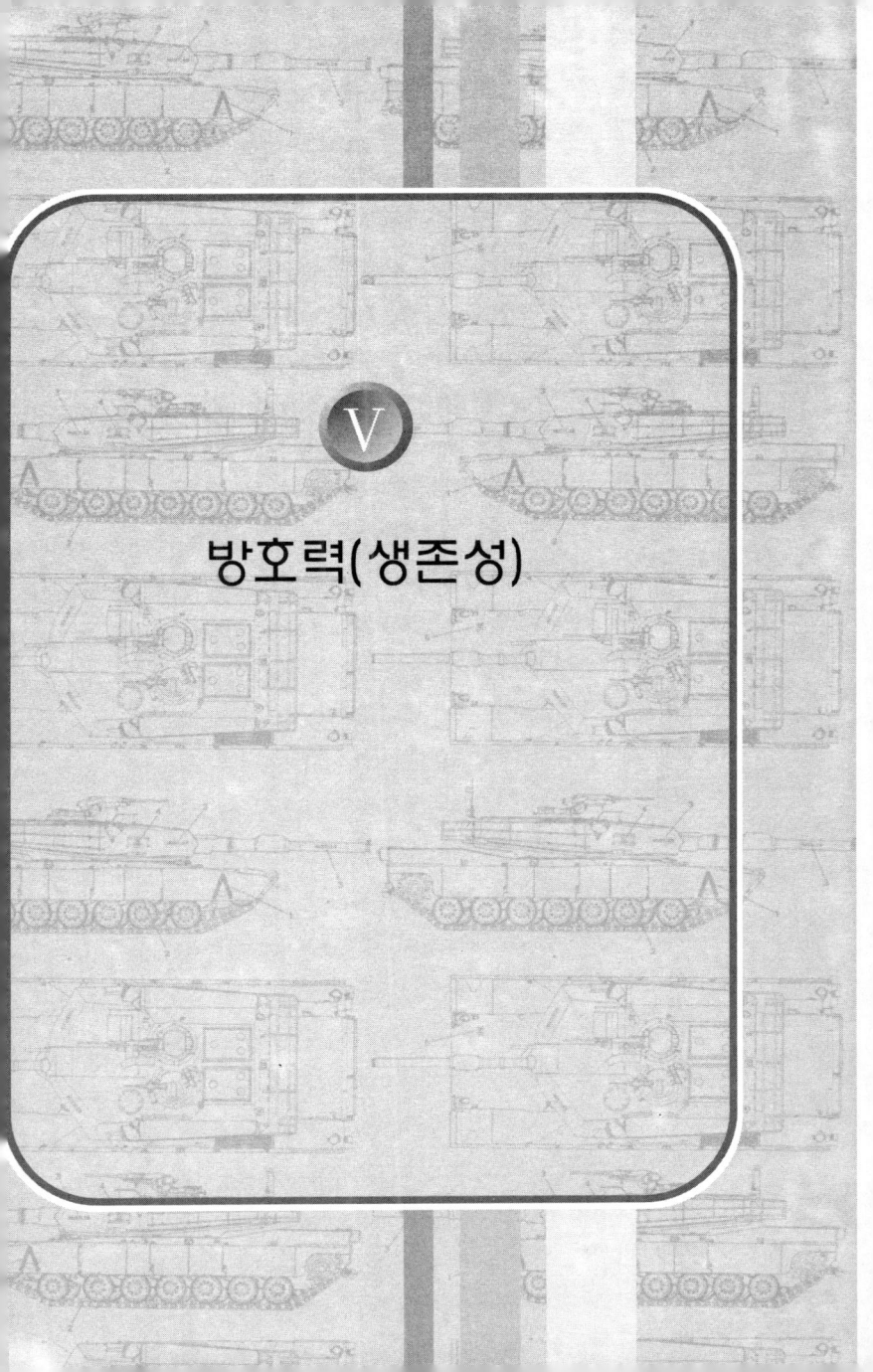

V

방호력(생존성)

83. 복합장갑 (쵸밤장갑) 이란 ?

1976년 영국의 쵸밤에 있는 연구소에서 개발한 장갑으로 2차
세계대전이후 전차 설계에서 가장 뛰어난 업적으로 평가받고 있
다. 이 장갑은 공간장갑 사이에 세라믹이나 기타 재질을 삽입한 것
으로, 초기에는 쵸밤장갑이라는 이름으로 더 잘 알려졌으며, 이 장
갑시스템은 대전차고폭탄에 매우 효과적인 수단이 되었고, 1980년
대 주력전차의 기본적 요건이 되었다. 레오파드, M-1, 챌린져로 대
표되는 3세대 주력전차는 이러한 복합장갑을 장착했으며 K-1과
K1A1에도 SAP[18]의 형태로 장착되어 있다. 이로 인하여 방어력은
비약적으로 향상되어 운동에너지탄에 대해 40~70%, 화학에너지
탄에 대해서 200~250%의 관통력을 약화시키는 효과가 있는 것
으로 판단된다.

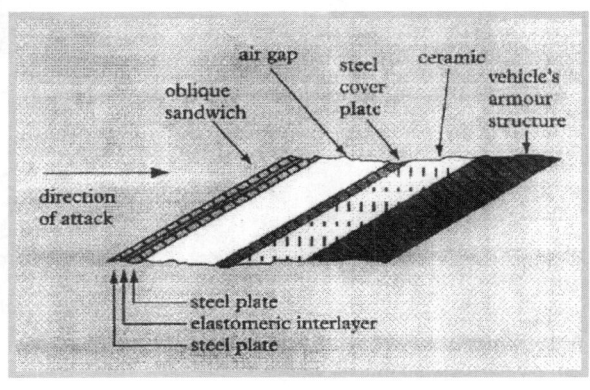

[그림 90] 복합구조 장갑재

---

18) Special Armor Plate의 형태로 K-1에 장착되어 있으며 K1A1로 성능개량에는
SAP을 국산화한 KSAP을 장착하였다.

84. (폭발형) 반응장갑이란 ?

제4차 중동전에서 미사일 쇼크라는 심대한 타격을 입은 이스라엘 기갑부대는 그후 전술적 대응 수단과 함께 대전차 미사일(대전차고폭탄)에 대한 기술적 대응수단을 모색하여 1982년 레바논 침공시 Centurion과 M-60전차에 Blazer라고 알려진 (폭발형)반응장갑(Explosive Reactive Armor, ERA)을 최초 사용한 이후, 1984년 구소련이 T-64/T-80전차에 Blazer와 유사한 반응장갑을 도입하였다.

[그림 91] 전차에 장착된 반응장갑

이것은 작은 금속 케이스에 들어 있는 폭약으로 대전차고폭탄의 메탈 제트가 타격시 폭발하여 메탈제트를 흩뜨리며 장갑판을 밀어내어 공간장갑의 효과를 가져오는 것으로 레바논 침공시 이스라엘군 전차에 장착되어 시리아군과 PLO의 대전차 미사일과 RPG를 무력화 시켰다. 물론 완벽한 것은 아니지만 구형전차에 부착하여 1톤 미만의 중량 증가로 대전차고폭탄에 대한 방어력을 획기적으로 높여 주었다. 그후 미국도 해병대의 M-60A1전차에 장착하여 걸프전에 투입하였고(M-60A1 Plus) 구 소련도 T-72/80전차에 대량으로 장착하였다. 러시아의 T계열에 장착된 4S20 반응장갑 각각의 크기는 250×130×11mm, 중량은 1.35kg, 이중에서 폭약 230g이 포함되어 있다. 현재 이스라엘의 라파엘사가 운동에너지탄에도 효과가 있는 Super Blazer를 개발했다고 하지만 아직 검증되지는 않았다.

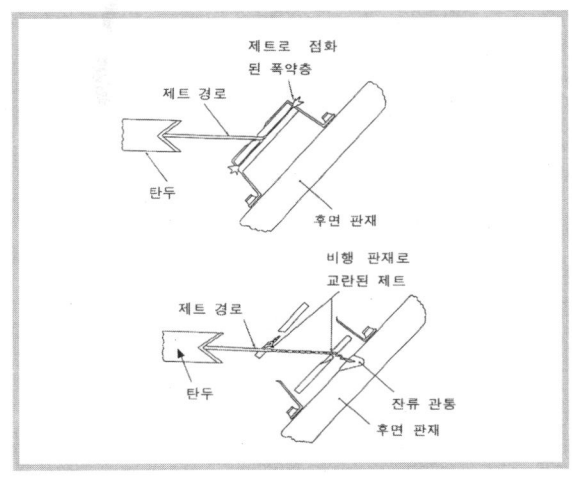

[그림 92] 반응장갑의 작동원리

일반적인 반응장갑의 작동원리는 다음과 같다.

① 두 강판사이의 화약 폭발로 발생하는 폭풍이 금속제트의 연속적인 유동을 방해

② 전후면에 부착된 강판이 파편조각으로 비산되면서 제트의 안정성을 손상

③ HEAT탄 위력 감소효과

그러나 이러한 반응장갑에도 약점이 있다. 1997년 8~9월경, 이스라엘군의 MK-3 3대가 반응장갑간의 간격에 사격한 헤즈볼라에 의해 파괴됨으로서 이로 인해 이스라엘은 보안지역에서 철수를 고려할 정도였다고 한다. 따라서 이러한 반응장갑을 장착할 시에는 공간이 발생하지 않도록 장착하는 것이 바람직하다고 하겠다.

85. 모듈라장갑이란 ?

전차가 일단 제작되면 장갑을 개조하는 일은 거의 불가능하다. 따라서 새로운 위협에 대비한 방호용 신소재가 개발되었을 때 이를 부착할 수 있는 탈부착형 장갑(모듈라장갑)이 그 대안으로 떠오르고 있다. 이 장갑은 용접이나 주조방식으로 제작되는 것이 아니고, 전차의 포탑이나 차체에 볼트로 체결하는 형태를 갖추고 있어서 만약 적에게 피탄 손상되었거나 새로운 장갑기술이 개발되어 모듈라장갑이 노후되었다면, 각 장갑의 모듈을 임의로 교체할 수 있도록 되어있고 그 교체는 야전에서도 승무원이 수행할 수 있도록 하고 있다. 현재 Merkava전차와 Leclerc전차에 적용하고 있으며 한국형 차기전차에도 반영할 예정이다.

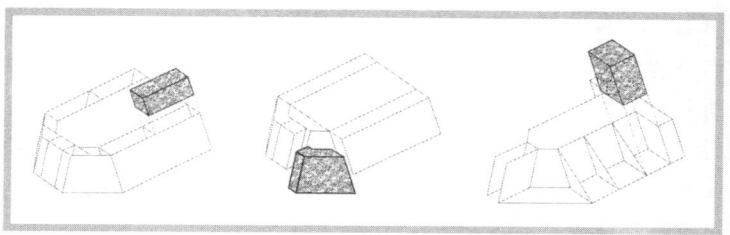

[그림 93] 모듈라장갑(상자형(좌),외부부착형(중), 반상자형(우))

86. 능동형 방호 시스템 (Soft Kill과 Hard Kill) 이란?

수동 및 반능동장갑이 일단 피탄된후 방호효과를 나타내는 것에 비해 능동장갑은 피탄되기 전에 미리 위협요소를 제거하도록 설계된 장갑체계로 비교적 비과속도가 느린 로켓이나 대전차미사일을 탐지후 전차에 도달전 폭발장약이나 대응미사일로 파괴하거나 무력화시킨다.

이러한 능동장갑이 고려되고 있는 것은 전차위협에 대처하기 위해 필요한 수동 또는 반능동장갑을 장착할 시 전차중량은 무한적으로 무거워져 기동성을 발휘할 수 없기 때문에 결국 수동장갑으로 적정 방호력은 유지하면서 전차탄을 제외한 기타 위협에 대해서는 능동장갑을 채택하여 전차의 생존성과 기동성을 향상시킨다는 것이 주목적이다.

이러한 능동방호는 크게 Soft Kill과 Hard Kill로 구분되는데 Soft Kill은 위협의 효과적 회피를 의미한다. 이는 자외선 영상경보센서, 방호용 레이더 또는 상부 위협 탐지레이더, 레이저 경보장치로 적의 위협을 인지하여 복합 연막을 차장함으로서 적의 위협을 회피하는 소극적인 방법을 말하며 Hard Kill은 파괴용 레이더로 적 미사일 또는 로켓을 탐지하여 대응파괴 장치로 파괴하는 적극적인 방호방법으로 현재 운용중인 Drozd는 3개의 레이더와 4개의 발사장치(각 발사장치에는 2발의 대응탄 장전) 및 1개의 레이더 모듈과 통제패널(Panel)로 구성되었으며 통제패널은 전차내부에 설치하고 나머지는 포탑에 설치되었다. 이는 해치를 닫으면 자동으로 작동되도록 설계되었으며 초당 70~700m의 속도로 날아오는 대전차미사일에 대해서 전차 전방 190m 이내에서 대응탄을 발사, 대전차미사일을 파괴할 수 있도록 되어있다. Drozd를 운용중인 러시아는 대응탄으로 대전차미사일을 70% 이상 파괴할 수 있다고 주장하고 있다.

[그림 94] Arena 시스템

다른 능동방호체계는 Arena로 Drozd의 개념을 대부분 수용한 것으로 보인다. Arena는 로켓탄과 대전차유도탄 대응시스템으로 포탑 상부에 탑재된 레이더는 360° 감시하며 연막탄발사기와 연결, 초당 70~700m 속도로 접근하는 탄에 대해 50m 전방에서 탐

지하여 70°로 해당공간에 대응탄을 발사, 탄이 날아오는 방향으로
파편이 집중되도록 함으로서 대전차미사일의 장갑 관통력을 약화
시키는 것인데 전차에 명중할 대전차미사일과 전차를 비켜갈 미사
일을 구분하는 능력이 있는 것으로 알려져 있다.

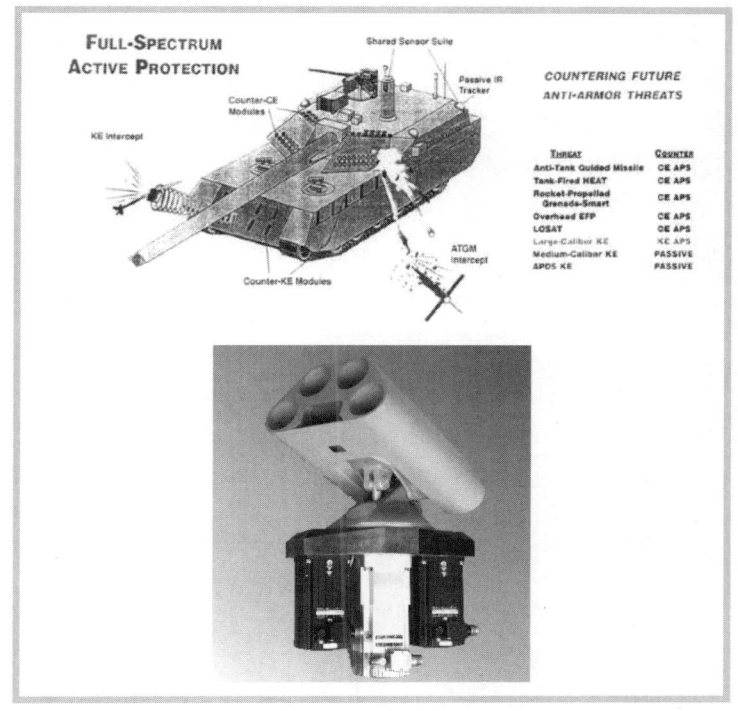

[그림 95] 능동방호시스템(상)과 대응탄 발사장치(하)

경보수신으로부터 대응탄 발사에 소요되는 시간은 0.07초이며,
0.2~0.4초 간격으로 다시 대응탄을 발사할 수 있는 준비태세가

갖추어 진다. 대응탄의 발사로 인해서 전차와 함께 기동하는 보병에게 위험을 주는 지역의 범위는 20~30m이며, 전차 외부에 설치된 경고등에 불이 켜짐으로서 주위의 보병에게 대응탄 사격이 임박했음을 경고해 주는 것으로 알려져 있다. Arena 시스템을 장착한 장비는 T-80 전차, T-72C 전차, BMP-3 등이다.

Shtora는 비파괴 무력화 시스템으로 방해장치, 연막탄 발사기, 레이저 경보장치, 이들을 제어하는 시스템 (열선전자 교란 시스템)으로 구성되어 있으며 명중될 확률을 3~5배 감소시키는 것으로 나타나 있다.

T-90 전차는 Arena 시스템을 선택사양으로 장착할 수 있는데 Shtora는 전차의 방호력을 3배, Arena는 2배 증가시키며, Arena와 Shtora를 결합하면 5배의 방호력이 증가한다고 알려져 있다.

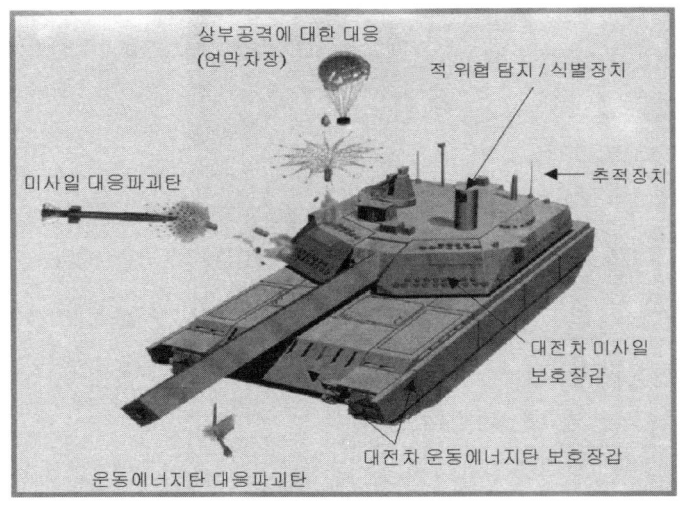

[그림 96] 미국의 미래 전차 방호시스템

87. 전투시 전차의 피해부위는 ?

전차가 모든 부분에 대해 동일한 두께의 장갑을 가지게 된다면 현재 주력전차의 전투중량인 60톤을 훨씬 상회할 것이다. 따라서 전차는 전투시 가장 많이 피격 받는 부위를 두껍게 설계하며 그 순위는 정면, 측면, 후면, 하부, 상부순이다. 이는 30년간 전투에서 전차 명중탄을 분석한 결과, 전차 피탄 부위의 2/3가 전면, 10%가 후면, 그 나머지가 측면이었다는 사실을 기초로 하고 있다. 하지만 입체전을 수행하고 있는 현대전은 그 어느 때보다 상부에 대한 위협이 증대되고 있어 상부에 대한 방호가 연구 중에 있다.

88. 전차탄에 명중시 가장 큰 피해를 입는 승무원은 ?

많은 사람들이 가장 알고 싶어하는 분야지만 유감스럽게 이에 대한 공식자료는 한국 내에 존재하는 않는다. 이 자료는 "Tank Crew Injuries Database"란 파일명으로 Army Model Improvement and Study Management Agency에서 작성되었지만 한국에 공개하고 있지 않다. 이 자료에는 제2차 세계대전동안 부상당한 전차 승무원 850명 이상, 1941년~1942년 동안 서부사막에서 174회의 전투간 전차의 피탄 부위, 피해 유형 등에 대한 내용을 포함하고 있는 것으로 알려져 있다.

다만 전차 피탄시 통상적으로 1명 사망, 1명 중상, 1명 경상, 나머지 1명에게는 피해가 없는 것으로, 가장 안전한 승무원은 조종수로 알려져 있다.

89. 보병의 휴대용 대전차무기로 복합장갑을 장착한
전차를 파괴할 수 있나 ?

3차 중동전시 불패를 자랑하던 이스라엘 기갑부대가 이집트의
RPG-7과 대전차유도탄인 AT-3 Saggar에 의해 많은 피해를 입음으
로서 전차무용론 까지 등장할 정도였으나 성형작약탄의 단점, 즉
탄두를 이탈하면 일정한 충격에 의해 폭발하는 단점을 이용하는 반
응장갑을 장착함으로서 성형작약탄을 어느 정도 무력화 시켰다. 하
지만 이에 대해 또다시 반응장갑의 단점인 일정한 압력에 의해 폭
발하는 원리를 이용한 Tandam 탄두(개량형 2중 성형장약), 즉 성형
작약을 2개 직렬로 배열하여 반응장갑 도달시 전면의 장약을 폭발
시켜 무력화시키고 후면에 배열된 성형작약이 본 장갑을 관통함으
로서 탄두직경의 약 10배 정도의 관통력을 갖게 되었다. 이는 기존
의 성형작약이 탄두직경의 약 4~6배 정도를 관통하는 것에 비해
약 2배 정도의 관통력 향상을 가져왔다.

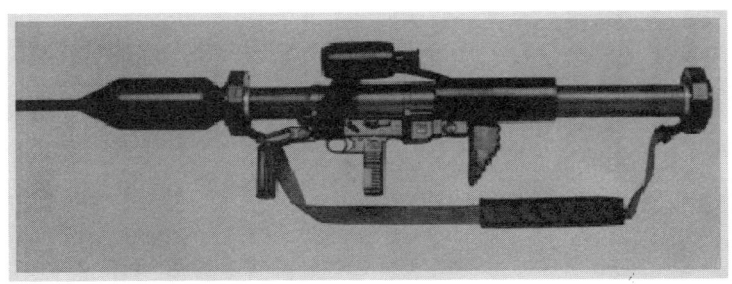

[그림 97] 보병용 대전차무기 팬져파우스트

그러나 보병의 휴대용 대전차무기의 대부분은 기존 HEAT탄을 사용함으로서 복합장갑을 장착한 전차의 정면을 관통하기는 어려울 것으로 보인다.

90. 전차 측면에 있는 스커트의 역할은 ?

궤도와 차체측면을 방호하는 스커트는 강판과 공기사이의 밀도차를 이용하여 탄의 위력을 감소시키는 유격장갑의 형태로 레오파드 1A3나 메르카바 MK-1에서 최초로 사용한 이후 대부분의 주력전차가 장착하고 있다.

승무원의 생존성을 향상시키기 위해 Spall Liner[19]를 차량 내부에 장착하여 장갑을 관통한 탄자의 투사각을 감소하여 승무원을 보호하는 역할을 하고 있다.

[그림 98] K-1에 장착된 스커트

---

19) Spall Liner에 중성자 방호물질을 추가할 경우 중성자에 대한 방호가 가능하나, 그 두께로 인해 차내 체적이 감소하게 된다.

91. 전차 연막탄의 용도는?

비과속도가 느린 적의 대전차유도탄의 공격이나 기타 위협발생 시 연막을 발사하여 전차를 은폐하기 위하여 사용된다. 이 연막탄은 차량 전방 30~50m, 120°범위를 2분 이상 차장함으로서 적의 광학장치 및 IR 관측장치에 탐지되는 것을 방지하며 신속한 기동과 연계하여 전차의 생존성 향상을 도모한다. 여러 개의 연막탄 발사통을 포탑 양쪽에 부채모양으로 나란히 장치하며, 기존 가시광선 차폐는 물론 mm파 또는 적외선을 차폐할 수 있는 복합연막탄을 사용하는 추세이다.

[그림 99] K-1전차에 부착된 연막탄발사기

92. 전차에 화재발생시 대처 방법은 ?

전차내에 유류, 유압유를 적재하고 있어 화재에 매우 취약하며, 화재발생시 초기에 화재를 진압하지 못한다면 탄약까지 폭발할 수 있다.

따라서 전차에는 화재를 감지할 수 있는 자동센서가 승무원실 및 엔진실에 부착되어 화재가 탐지되면 탐지기에서 발생된 신호를 증폭기에 의해서 증폭하고, 이 신호가 소화기 솔레노이드 밸브를 구동시켜 헬론 가스를 분사시키게 된다. 이 센서는 작은 화재일 경우에는 0.015초 이내에, 폭발 화염일 경우에는 0.002초 이내에 감지가 가능하다. 또 고장시에 대비해 차량 내, 외부에 소화기 수동 손잡이가 부착되어 있다.

참고로 차체와 포탑이 분리되어 파괴된 전차관련 사진들을 보게 되는데 이는 전차탄의 충격에 의한 것 이라기 보다는 전차내에 적재된 포탄의 유폭에 의한 것이라고 이해하는 것이 바람직하겠다.

[그림 100] 파괴된 전차

93. 레이저 경고장치는 어떤 용도로 사용되나 ?

전차는 사격전 표적까지의 거리를 측정하기 위해 레이저 거리
측정기를 사용한다. 따라서 전투시 전차주변에 레이저 빔이 감지
되었다는 것은 누군가가 나의 전차를 조준하고 있다고 해도 과언
이 아닐 것이다. 따라서 레이저 경고장치는 경고는 물론 레이저가
조사된 방향데이터를 제공하여 전차가 그에 대한 대응을 할 수 있
도록 한다.

이외에도 대전차 미사일 유도 레이저(빔라이드 유도용 레이저,
표적지정레이저) 및 야시장비 적외선을 탐지한다.

전차에는 레이저 경고장치 외에도 대전차 미사일 및 로켓의 화
염을 감지하여 위협의 방위각 및 고각을 제공하는 자외선 탐지장
치를 부착한다.

위와 같이 탐지된 위협에 대해 전차는 회피기동을 실시하거나
(복합)연막차장을 하며, 제압이 가능한 표적에 대해서는 선 제압사
격을 실시한다.

94. 전차는 핵 상황하에서 작전이 가능하나 ?

전차는 핵 상황하에서 작전이 가능하도록 양압장치를 장착하고
있다. 이 장치는 방사능을 포함한 오염된 공기의 침입을 방지하기
위해 미립자와 활성탄을 조합한 NBC 필터를 장착하고 동시에 차
내를 $10 \sim 20$ mmAq로 압력을 높여 공기가 들어올 수 없도록 하는
장치로서 각국의 주력전차는 양압장치를 장착하고 있다.

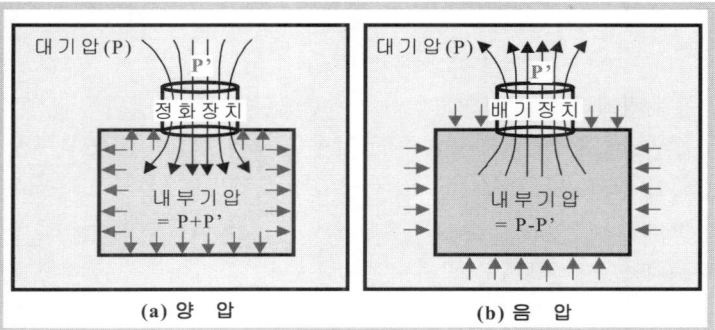

[그림 101] 양압과 음압

[그림 102] K216 및 K316 화생방 정찰차에 장착된 양압장치

여기서 양압이란 「그림 101」의 (a)와 같이 밀폐된 공간에 공기를 지속적으로 유입시켜 외부보다 높은 압력을 유지되는 상태를

말하는데, 이와 반대로 공기를 외부로 지속적으로 내보냄으로서 외부보다 낮은 압력을 유지하는 (b)의 경우는 음압이라 한다.

양압장치는 이러한 양압원리를 적용한 것으로, 전차내부에 정화된 공기를 유입시켜 그만큼 내부압력을 크게 함으로서 외부 오염공기가 전차 승무원실 내부로 유입되지 못하도록 한다. 이러한 양압장치를 사용함으로서 승무원은 화생방 상황에서도 방독면을 착용하지 않은 상태에서 작전수행이 가능하며, 라이너를 장착할 경우 중성자에 대해서도 방호가 가능하다.

95. 전차는 헬기에 대해 취약한데 그 대응책은 ?

항공기나 헬기는 빠른 속도로 비행하면서 전차의 장갑중 가장 얇은 부분인 상부를 공격하므로 전차에게 가장 위협적인 무기체계이다. 특히 Fire & Forget 방식의 유도탄을 사격할 경우 헬기는 생존성을 보장받으면서 전차를 효과적으로 파괴할 수 있다. 하지만 유도탄비용이 고가이기 때문에 Hi-Low-Mix에 의해 Fire & Forget 방식은 당분간 제한적으로 운용될 것이며 대부분 사격후 계속 조준선상에 표적을 위치시키는 2세대급 대전차 유도탄[20]을 사용할 것이다. 이 경우 헬기는 3,000m에서 사격시 최소한 20초 이상 노출되어야 하기 때문에 그 동안 전차부대는 그에 대응할 것으로 판단된다. 전차 자체적으로 HEAT-MP (Multi-Purpose)를 사용하여

---

20) 대표적인 2세대 대전차 유도탄인 TOW의 비과속도는 초당 200m이며 유선에 의해 유도된다, 대전차 유도탄의 약점인 비과속도를 증대시키지 못하는 것은 로켓의 추진속도에 있는 것이 아니고 유선이 풀리는 시간에 의해 제한되는 것으로 알려져 있다.

헬기에 근접하여 탄을 폭발시킴으로서 헬기에게 위협을 주거나 연
막을 사용하여 헬기의 시야를 차장하는 방법 외에 전차부대에 배
속된 방공부대를 이용하여 헬기로부터 전차를 방호할 수 있다.

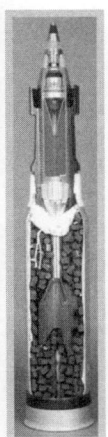

[그림 103] HEAT-MP탄(좌) 과 HEAT-MP에 의해 명중된 헬기(우)

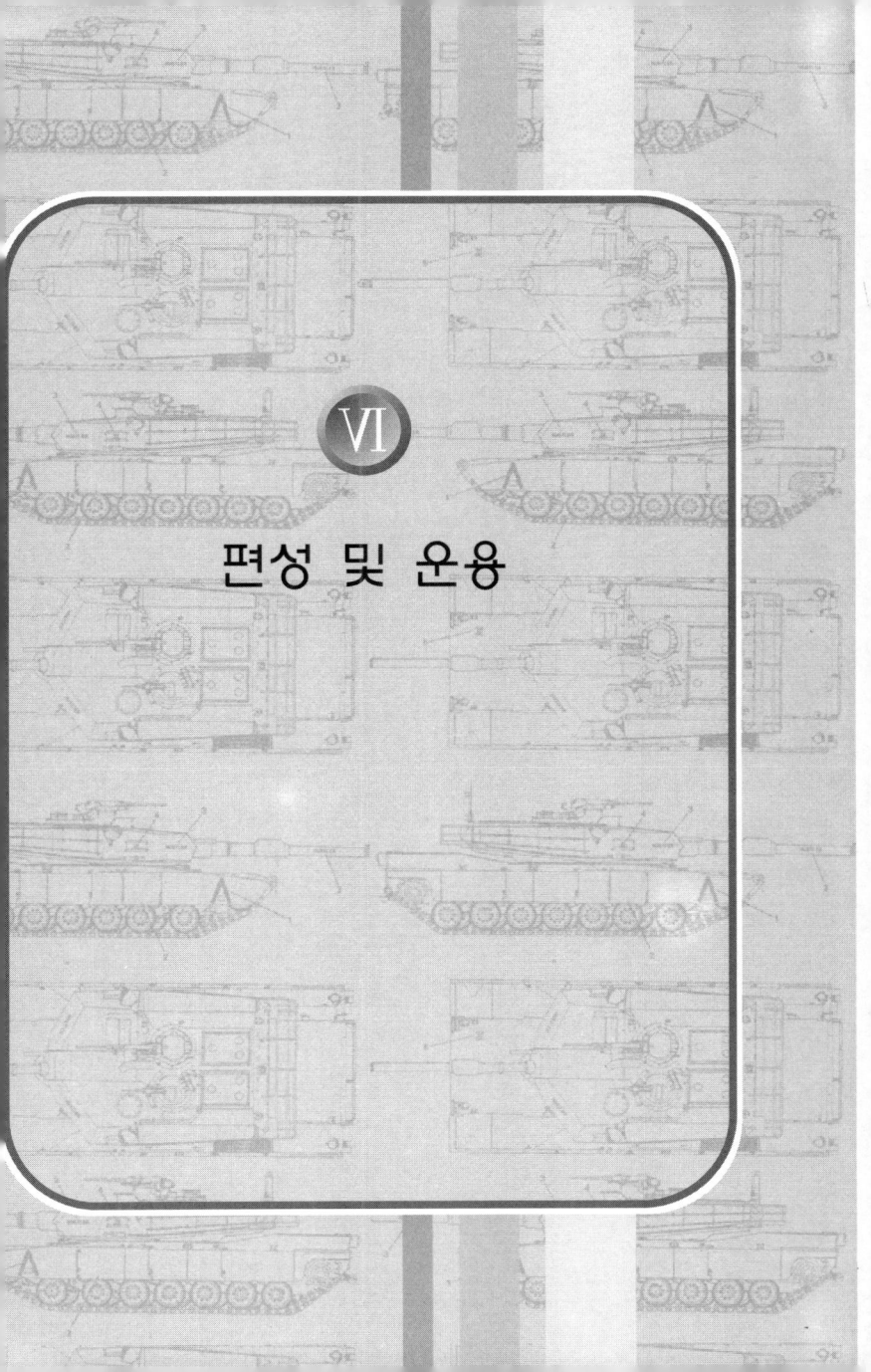

VI

편성 및 운용

96. 전차부대의 편성은 ?

가. 기계화 보병사단(기갑여단)

한국은 기계화 보병사단 ○개, 기갑여단 ○개를 보유하고 있다. 기갑여단은 전차대대 ○개, 기계화 보병대대 ○개, 포병대대 ○개로 구성되어 각 군단에 배속되어 운용하며, 기계화 보병사단은 기계화 보병대대 ○개, 전차대대 ○개, 포병대대 ○개로 구성되어 여단별로 임무에 맞게 각 부대를 편조 하여 임무를 수행한다. 이들 부대가 갖는 주임무는 결정적인 시기와 장소에 신속한 전투력의 집중, 적 후방지역으로 기동하여 적의 저항의지를 말살하며, 우세한 적에 대하여 광범위한 지역을 일시적으로 방어하는 임무를 수행한다.

나. 전차대대

전차대대는 대대본부와 대대본부중대 그리고 3개의 전차중대로 이루어져 있다. 전차대대는 일반참모를 가지는 최소단위로, 제한된 전투근무지원 임무를 수행하며 단독 또는 기계화보병과 편조하여 임무를 수행한다. 이러한 편조시 특수임무부대 혹은 대대TF로 불리며 주임무는 제병과와 협동하여 화력, 기동 및 충격행동으로 적에 접근하여 적을 격멸하는 임무를 수행하며, 돌파후 신속한 전과확대를 실시한다.

다. 전차중대

전차중대는 단독 또는 기계화보병과 편조된 형태로 운용되어지며, 이러한 편조시 중대조(company team)로 불려진다. 전차중대는 3개의 전차소대와 지휘반으로 구성된다.

라. 전차소대

전차소대는 중대의 일부로서 작전수행의 최소 단위이다. 전차소대는 기동, 공격, 방어임무를 수행하며 3대형 전차소대와 4대형 전차소대로 구분된다. 4대형 전차소대의 경우 각각 2대씩 2개반으로 편성되어 1호차에 위치한 소대장과 3호차에 위치한 소대 선임부사관이 각각의 반을 지휘하며 제2호차는 소대장반에, 4호차는 소대 선임부사관반에 포함된다.

[그림 104] 부대이동하는 M1A1전차

97. 전차부대 운용의 최소단위는 ?

전차소대는 작전수행의 최소 단위로서, 소대이하 제대로 분할해서 운용하지 않는다. 그 이유는 전차 단독 운용시 전차가 가지는 제한사항으로 인해 적에게 쉽게 피격 당할 수 있으며, 전차 상호간

협조로 발생하는 승수효과를 얻지 못하기 때문이다.

참고적으로 북한은 3대의 전차로 전차소대를 구성하고 있으며 중대는 10대(3개 소대×3대＋중대장전차 1대), 대대는 31대(3개 중대×10대＋대대장전차 1대)로 구성되어 있다. 4대로 소대를 구성할 경우 일반적으로 중대는 13대(3개 소대×4대＋중대장전차 1대), 대대는 40대(3개 중대×13대＋대대장전차 1대)로 구성된다.

미국, 일본, 독일과 같은 국가는 4대형 전차소대를, 북한, 중국, 러시아, 이스라엘은 3대형 전차소대를 운용하고 있다.

[그림 105] 소대단위로 사격중인 K1 전차

98. 전차 승무원 및 승무원별 임무는 ?

전차장은 승무원을 관리하고 전차의 이동을 통제하며 보고사항을 제출하고 부상자에 대한 응급조치와 부상자후송을 감독하며 전투시 모든 화기의 조준과 사격에 책임을 진다.

포수는 표적을 발견하고 주포 및 공축기관총을 조준하여 사격하며 각종화기와 사격통제장치의 정비에 대한 책임이 있다. 전차장의 보좌관으로서 전차장 공석시 전차장의 임무를 대행한다.

조종수는 전차를 이동시키고 진지점령을 하며 전차를 정비하고 연료를 보충할 책임이 있으며 이동간에는 소대전차와 대형을 유지

하고 시호통신을 확인하며 교전중에는 엄폐된 통로와 진지를 지속
적으로 확인하고 전방을 관찰한다.

탄약수는 주포 및 공축기관총에 탄약을 장전하고, 탄약수 기관
총 사격, 대공 및 대전차 최초 교전전까지 표적을 확인한다.

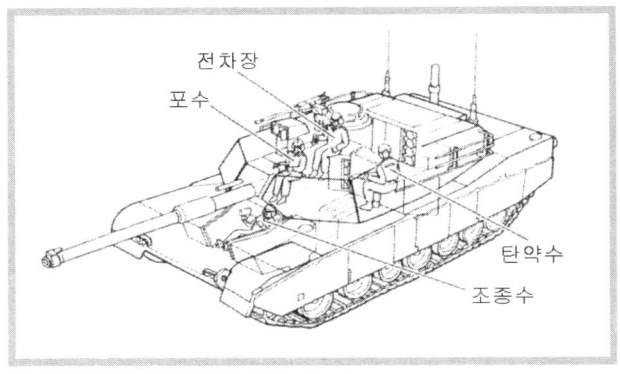

[그림 106] 전차승무원 내부 배치

99. 전차 승무원들은 평상시 어떻게 훈련을 하나 ?

전차승무원들은 전차를 이용하여 야외기동훈련, 실사격훈련, 주
둔지 훈련 등을 수행하지만 훈련비용 절감 및 훈련수준 유지를 위
해 실장비 대신 시뮬레이터를 이용하여 훈련을 실시하는 것이 세
계적인 추세이며 시뮬레이터를 이용하여 훈련할 경우 실장비에 비
해 47%의 효과가 있는 것으로 알려져 있다. 한국 기갑부대도 전차
조종훈련기(시뮬레이터), 전차 포술훈련기(시뮬레이터)를 이용하여
훈련을 실시하고 있다. 이 훈련기는 K1, K1A1 전차를 제작한 현

대정공(현대 모비스→현재 로템)에서 제작한 것으로 실장비와 동일하게 제작된 공간에서 포술훈련기의 경우 전차장과 포수 2인이 탑승하며, 승무원실의 조준경에는 컴퓨터에 의해 발생된 동영상이 인터페이스(영역공유)되도록 전달돼 전차 승무원들은 야전훈련상황과 동일한 환경을 제공받게 되며, 주행 및 포탄 사격시 6자유도 구동장치와 음향장치로 전차 승무원들이 진동과 폭발음도 실제 훈련과 동일하게 느낄 수 있다.

또한 모든 훈련과정을 통제할 수 있는 교관실에서는 교관이 영상발생장치를 이용, 전차 승무원 수준에 맞게 훈련 프로그램을 다양하게 조정할 수 있으며 포수가 발사한 탄의 명중률과 미명중시 오차에 대한 데이터도 실시간으로 교관과 포수가 동시에 모니터링할 수 있어 훈련효과를 극대화하고 있다. 이러한 장비를 현재 기계화학교 전차승무원 교육에 활용하고 있으며 이를 통해 연간 180억원 이상의 비용절감효과를 얻고 있다.

[그림 107] K1A1 전차 포술훈련기

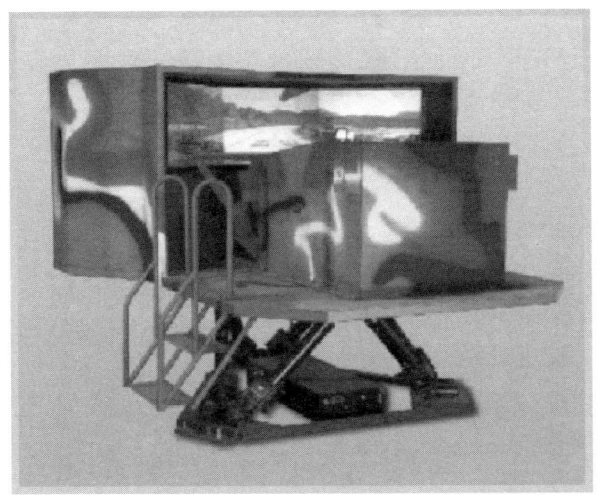

[그림 108] K1A1 전차 조종훈련기

100. 한국에서 전차를 운용한 전투가 있었나 ?

한국에서 최초의 전차운용은 한국전쟁서 북한군이 개전 초기에 225대의 T-34전차를 투입하면서부터이다. 그 이후 1950년 말까지 183대를 보강한 것으로 판단된다. 이에 대해 미군은 1950년 7월 16일부터 동년 말까지 중전차 1,188대(M4A3E8 679대, M-26 309대, M-46 200대)와 경전차인 M-26전차 138대, 총 1,326대의 전차를 투입하였으며, 1952년에는 성능이 향상된 M-47전차를 투입하기 시작하였다. 이러한 전차를 운용하여 전투를 한 것은 「그림 109」에 나타나 있다.

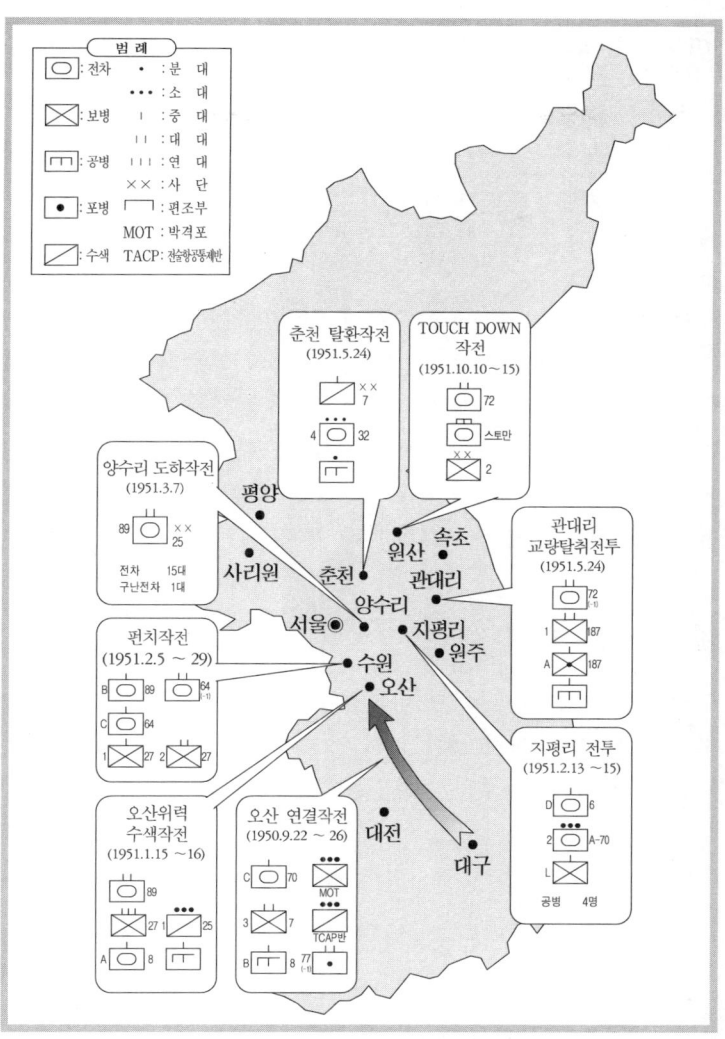

[그림 109] 한국전쟁시 기갑전투 사례

101. 한국군의 전차운용은 ?

전차는 공격, 방어, 지연, 후방지역, 기타작전을 수행하는데 주로 공격용 무기로 사용되며 공격시에는 화력과 기동 및 충격행동으로 적부대에 근접하여 적을 포획 또는 격멸하고 방어시에도 공세행동으로 적의 공격을 방해, 저지, 격퇴 및 격멸하는 것을 주임무로 하고 있다.

한국의 경우 기계화부대는 입체고속기동전을 수행하는 부대의 주축으로 적의 배후로 기습적으로 기동하여 적을 심리적 마비시켜 중심을 와해함으로서 적 전투력을 격멸하는 전투수행방법을 채택하고 있다. 여기서 고속의 의미는 인간의 도보능력 4km/h, 기마의 속도 20km/h보다 향상된 속도를 의미하며 근육전쟁의 한계를 뛰어넘는 속도와 지속성을 의미한다.

102. 시대별 전차운용방법은 ?

시대별로 사용된 무기가 다르듯이 그 운용도 시대별로 상이하다. 제1차 세계대전시 전차는 적의 방어선을 돌파하기 위해 보병들을 총탄과 지뢰로부터 보호함과 동시에 극히 이동이 곤란했던 포병을 대신하여 돌파구를 확보하기 위한 지원화력의 역할을 수행하여 참호전에 있어서 돌격하는 보병의 "움직이는 방호벽"내지 "지원화기"로서 활용되었다.

[그림 110] 참호로 교착된 서부전선(제1차 세계대전)

제2차 세계대전을 통하여 전차는 일약 지상전의 주역이 되었다. 이것은 대전동안 전차성능의 향상에도 있겠으나 무엇보다도 운용 방법의 발전, 즉 전격전의 확립에 의한 바가 컸었다.

독일의 전격전은 전차를 독립된 기갑사단에 편성, 통합하여 기 동함으로서 적 방어선의 약점을 집중 돌파하는 것이었다. 수적으 로 우세한 전차를 분산배치하고 있던 연합군측은 기계화 보병과 근접항공화력의 지원을 받는 독일 전차부대에 배후를 강타 당해 초전에 완패하고 말았다. 여기에서 전차는 전 전투국면을 좌우하 는 전략무기의 역할을 하였다.

[그림 111] 전차와 함께 스탈린그라드에 진입을 시도하는 독일군(제2차 세계대전)

제2차 세계대전 후에도 공격, 방어, 기동의 3요소를 겸비하는 전차의 중요성은 감소되지 않았다.

전후에 탄생한 영국의 Centurion, 소련의 T-54/55, 미국의 M-48 등은 위의 3요소를 균형 있게 발전시킨 중전차, 즉 MBT(주력전차)로서 중동전쟁에서 많이 사용되었다.

1960년대 이후에는 헬기를 포함한 항공기의 대전차 공격력의 향상과 특히 각종 미사일의 발달, 그 중에서도 대전차미사일이 등장함으로서 전차의 존재 무용론이 등장할 정도의 전차의 가치가 쇠퇴한 적이 있었으나 이를 전술적으로 극복함으로서 전차는 지상전에서 효과적 무기체계로 운용하고 있으며, 전차의 가치가 점차 저하되기는커녕 오히려 재래식전쟁은 물론 핵전쟁 하에서 오염지대를 돌파할 수 있는 무기로서 재평가되고 있다.

 그러던 중 1967년의 6일 전쟁(제3차 중동전쟁)에서는 이스라엘은 전쟁초기에 적 항공전력을 격멸하여 제공권을 장악하고 그 여세를 몰아 지상전에서 전차부대는 일방적인 승리를 거두었다.

[그림 112] 부교를 도하하는 이집트군(4차 중동전쟁)

 그러나 1973년(제4차 중동전쟁)에서 압승의 경험이 도리어 화가되어 전쟁운용에 치명적인 잘못을 범하고 말았다. 즉, 불패의 신화를 자랑하던 이스라엘 기갑사단이 기동력에 의해 돌진하면 아랍측 방어선을 쉽게 돌파할 것으로 과신한 나머지 전차의 진격에 있어서 수족이라고도 할 수 있는 보병과 포병의 지원없이 단독으로 공격함으로서 휴대용 대전차무기인 RPG-7과 AT-3 Saggar (ATGM의 일종 : Anti Tank Guided Missile)로 편성된 이집트 보병부대에 의해 완패하고 말았다.

[그림 113] 전차킬러 A-10기(상)와 공격헬기 코브라에서 대전차유도탄 사격(하)

　제2차 세계대전 이후 상당 기간 동안에 적전차에 대항수단은 전차[21]라고 믿어왔다. 그러나 대전차공격 헬기라든가 보병용 대전차화기의 발달로 인하여 전차 만능주의사상은 붕괴되었고 기동력 중시의 전차단독 운용전술은 수정되어 제병협동전투의 중요성이 강조되어 1979년부터 현재까지 전차부대 단독으로 운용하는 전술은 사용하지 않고 있다. 항상 보병, 그것도 APC, IFV등의 기동력을 가진 보병을 수반하고 있으며 적 대전차부대로부터의 방호대책을 강구하고 있으며 더 나아가 전차의 기동성 및 생존성을 보장하기 위하여 육군항공, 포병, 공군의 근접지원을 받는 입체작전을 수행하고 있다.

---

21) 이와 관련된 예로서 아랍측 전차손실의 ⅔는 이스라엘 전차에 의해서 파괴됨

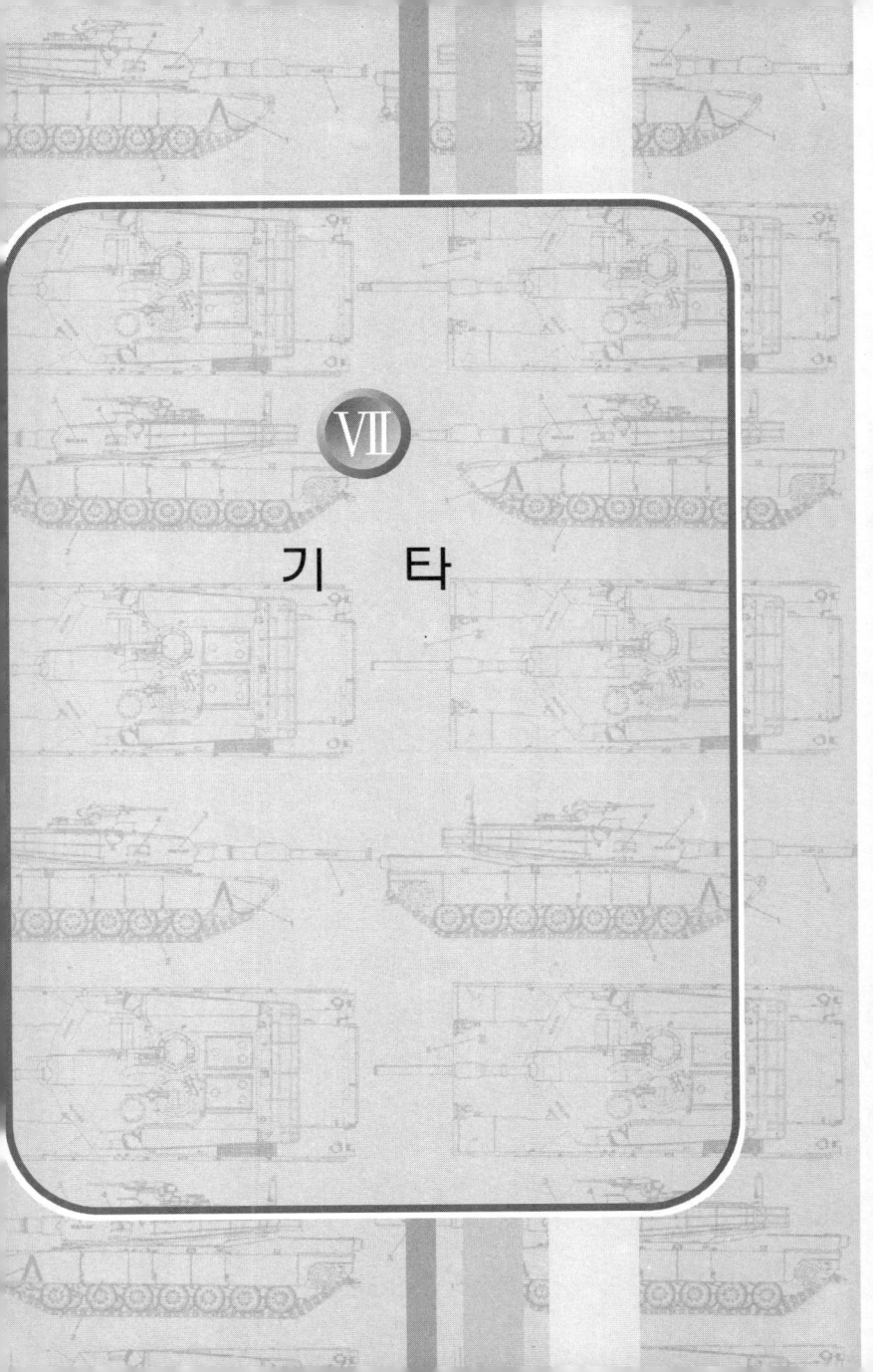

VII

기　타

103. 세계에서 성능이 가장 우수한 전차는 ?

각국의 전차 중에서 가장 우수한 전차가 무엇이냐고 질문을 받을 때마다 난처해진다. 왜냐하면 각국은 그 나라의 지형과 임무를 반영하여 기동성, 생존성, 화력을 적절히 배분하여 전차를 설계했기 때문이다. 만약 한국의 동부 지역과 같은 지역에서 전투가 발발한다면 60톤을 상회하고, 2,000m 이상을 관측할 수 있는 열영상장치를 장착한 전차가 제 기능을 발휘할 수 있을 것인가 하는 의문을 가질 필요가 있다. 다만 **ARMOR** 1999년 7∼8월호에 세계 전차의 우선 순위를 기록한 것이 있으나 큰 의미는 없다.

1위   독일 Leopard A6
2위   미국 M1A2
3위   일본 Type 90
4위   프랑스 Leclerc
5위   영국 Challenger 2
6위   러시아 T-80UM2
7위   한국 K1A1
8위   러시아 T-90
9위   러시아 T-72
10위 이스라엘 Merkava Mark3

[그림 114] Leopard A6

[그림 115] M1A2

[그림 116] Type 90

[그림 117] Leclerc

[그림 118] Challenger 2

[그림 119] T-80U

[그림 120] K1A1

[그림 121] T-90

[그림 122] T-72

[그림 123] Merkava Mark3

104. 전차간 전투력 비교 방법은 ?

전투력을 도출해 내는 방법에는 여러 가지가 있지만 무기효과 지수(WEI :Weapon Effectiveness Index)에 의한 방법이 대표적이다. 이는 범주별 대표무기에 대한 상대적인 효과를 측정하기 위해 각 무기 범주의 특성을 고려하여 기능별 가중치를 부여하여 상대적인 무기의 효과를 비교하는 것으로 전차의 경우 기준은 M-60A1전차 로 수치는 1로 표현되며 T-62전차는 1.06, T-80전차는 1.19, K-1전 차는 1.30으로 계산되어 진다. 이때, 사용된 가중치는 군사전문가 들의 의견을 종합하여 결정하는 Delphi 기법이 사용된다.

105. 전투시 전차에 가장 큰 피해를 주는 무기체계는 ?

어떤 무기체계가 전차에 가장 많은 피해를 입힌다고 단정하는 것은 무리인 것 같다. 지금까지의 전투자료를 살펴보면 지형과 그 당시 무기체계에 따라 달라지지만 지뢰에 의한 전차의 피해는 의 외로 크다. 「표 10」의 제2차 세계대전 중 공격 수단별 전차 피해 를 보면 약 25%가 지뢰에 의해 파괴된 것이었다.

[표 10] 2차 세계대전 중 공격 수단별 전차 피해

공 격 수 단	피해율(%)
포병화력 및 대전차 병기	59.8
지　뢰	23.7
바쥬카	17.0
기　타	0.5
계	100

「표 11」을 보면 현 시점에 다가올수록 지뢰에 의한 전차 피해가 높다. 하지만 사막지역과 같은 개활지나 정밀유도무기를 사용한 걸프전에서 헬기나 항공기에 의한 피해가 상대적으로 높았다는 결과가 나와 있듯이 지형이나, 무기체계에 의해 달라지므로 "무엇이 전차에 가장 많은 피해를 준다"라고 단정하는 것은 무리인 것 같다.

[표 11] 전투별 지뢰에 의한 피해 비교

전 쟁 지 역	피해율(%)
북 아프리카(1942~43)	18
서 유럽(1944~45)	23
이탈리아(1943~45)	28
태평양(1944~45)	34
한국(1950~51)	56
베트남(1967~69)	69

한국전쟁시 공격 수단별 전차 피해를 분석한 「표 12」는 그 당시 상황과 연계한 전차 피해율이 나타나 있다. 제공권을 장악한 UN군의 항공기 공격에 북한 전차가 가장 많이 피해를 입은 반면, 아군은 제한된 도로망을 따라 기동함으로서 지뢰에 의해 피해를 많이 입은 것으로 나타나 있다.

[표 12] 한국전쟁시 공격 수단별 전차 피해

구 분	북한						한국		
	비행기	유기	전차	바주카	기타	소계	지뢰	기타	소계
피해율(%)	43	25	16	5	10	100	70	30	100
피해대수	102	59	39	13	26	239	90	46	136

참고적으로 지뢰는 관통력 증대보다는 센서기술의 발전방향으로 추진되고 있으며 기계압력식, 봉경사식, 자기감응식, 복합감응식으로 발전하고 있다. 관통력은 200mm로 전차의 하부장갑을 관통할 수 있는 수준으로 판단된다.

[그림 124] 한국전쟁시 공산군을 추격하는 UN군 전차부대

106. 전차에 이름을 붙이는 방법은 ?

미국은 모델번호에 추가하여 육군 장군 이름을 애칭으로 사용하는데 M-4에 Sherman, M-47에 Patton, M-1계열 Abrams 등을 사용하고 있다. 참고로 Abrams 전차는 미 육군참모총장이었던 Creighton W. Abrams를 기념하기 위하여 명명된 이름이다.

러시아는 구식전차를 제외하고 곧표하는 일이 없으며 신형전차는 서구 진영, 특히 NATO에서 식별 년도에 번호를 붙여 사용하고 있다.

T-54, 55, 62, 72, 80, 90에서 숫자는 NATO에서 식별한 연도이다. 영국은 순항전차인 Cruider의 머리글자 C를 따서 Centurion, Chieftain, Challenger 등과 같이 명명하고 있다.

프랑스는 국영 병기제작소의 명칭에 톤수를 붙여서 사용(AMX-30, AMX-32, AMX-40)하였으나, GIAT사가 현대전차를 개발하면서 미국과 같이 명장의 이름을 애칭으로 사용하고 있다.

일본/중국은 군에 채택된 연도를 붙이는 것이 통례로서 일본은 61식, 74식, 90식과 같이 중국은 59식, 69식, 79식, 80식, 90식과 같이 명명하고 있다.

107. 가장 비싼 전차는?

현재까지 가장 비싼 전차는 2002년을 기준으로 일본의 90식 전차이며 가격은 940만 달러(한화 125억)이다. 이는 T-80U 전차보다 약 5배, 미국의 M1A1보다 2배 비싼 가격으로 성능이 월등하게 우수하다기보다는 일본은 전통적으로 자국에서 방산물자를 연구, 생산하기 때문에 가격이 비싸며 일본의 기타장비도 타 국가의 장비보다 비싸다는 특징이 있다.

[그림 125] 기동훈련중인 일본 90식 전차

108. 전차 부품중 가장 비싼 부분은 ?

시대에 따라 전차의 부품별 가격비율이 변화되고 있다. 「표 13」은 1945년경 M-24 전차의 장치별 가격비율을 나타내고 있는데 현수장치와 포탑 부분이 전체의 50%가격을 차지하고 있다.

[표 13] M-24전차의 장치 가격비율(1945년경)

구 분	비 율(%)
Track & Suspension	22.70
Hull	27.86
Armament, Radio & FCS	20.77
기 타	28.67
합 계	100

[표 14] Leopard Ⅱ의 장치가격 비율

구 분	비 율(%)
Power pack	10.29
차 체	9.88
포탑 및 포탑부품	21.01
120mm포 System	7.79
FCS	17.35
기 타	33.68
합 계	100

하지만 1970년경 Leopard Ⅱ는 「표 14」에서 보듯이 포탑 및 포탑부품이 전체가격의 21.01%를 차지하고 있으나 고도, 정밀화된

현재의 MBT는 사격통제장치가 전체가격의 50% 이상을 차지할 정도로 전차 가격의 대부분을 차지하고 있다.

참고적으로 프랑스의 주력전차인 Leclerc 전차의 가격은 대당 600만불이며 이중 50%가 전자 광학제품의 가격인 것으로 알려져 있다.

109. 전차 부품중 무게가 가장 많이 나가는 부분은 ?

전차의 중량중 많은 비율을 차지하는 곳은 전차마다 상이하지만 「표 15」에서 보듯이 차체와 포탑이며 대략 35% 내외로 판단된다. 따라서 차체와 포탑의 중량을 감소시킬 경우 전차를 경량화 할 수 있으며 경량화를 통해 전차의 운용유지비를 절감하고 톤당 마력을 증가시킬 수 있다.

[표 15] 장치별 중량 배분(%)

구 분	비 율(%)
엔 진	6.5
변속조향장치	5
로드휠	11
궤 도	10
차 체	24.5
포 탑	12
포	7
탄 약	4
기 타	3.5

　따라서 각국은 전차 설계시 중량이 가벼우면서도 방탄성능이 우수한 복합재를 차체에 부착하고 있다. K-1전차나 K1A1전차에도 SAP(Special Armor Plate)을 부착하여 방호력을 증가하면서 중량을 감소시키고 있다.

110. 전차와 자주포를 구분하는 방법은 ?

　대포병사격에 대한 위협과 기동부대의 원활한 사격지원을 위해 기존 견인포는 전차처럼 자체 동력을 이용하여 이동할 수 있도록 자주화되고 있는 추세이다. 따라서 초보자의 경우 차체와 포탑을 가지는 전차와 자주포를 구분하는 것은 제한되나 약간의 관심만 가진다면 쉽게 구분할 수 있다.

　전차는 근접전투를 실시하는 공격용무기로 외관상 차체높이가 낮고 포탑이 경사가 졌고 포 구경이 120mm 이하로 자주포구경(통상 155mm급 이상에 사용)에 비해 작다. 포탑의 크기도 자주포에 비해 상대적으로 작다.

　내부적으로 전차 장갑은 두껍고, 임무면에서 전차는 표적을 보면서 사격하는 방식(직접사격)을, 자주포는 가시거리 밖의 원거리 사격(간접사격)을 실시한다.

　엔진의 위치가 전차는 차체 후방에, 자주포는 전방에 위치하므로 배기가스가 전차는 후방으로 자주포는 측방으로 배출된다. 그리고 현수장치를 보호하기 위한 스커트를 전차는 장착했지만 자주포에는 장착되어 있지 않다.

[그림 126] K-9 자주포[22]

111. 피아식별장치의 용도는 ?

적인지 아군인지를 식별하기 위해 야전부대에서 암구호를 사용한다. 예를 들어 "화랑"이라 물어보면 "담배"라고 대답하자고 약속했을 때 이를 지키지 못할 경우 적으로 인식하게 된다. 전투와 같은 급박한 상황속에서 피·아를 식별하는 것은 무엇보다 중요하며, 특히 원거리 또는 야간에 외형으로 아군을 구분하는 것은 부정확하다. 이러한 이유로 아군을 적으로 오인하여 살상한 경우가 많았고, 최근 걸프전 보고서에 의하면 전사자 24%, 부상자 15%, 장

22) 터키에 수출된 한국형 자주포로 사거리는 40km에 달하며 1문으로 고각을 달리하여 3발 TOT 사격을 할 수 있다.

갑차 35대중 27대가 아군에 의해 피해를 입은 것으로 나타나 있
다. 따라서 우군간 피해를 방지하기 위해 전차에 피아식별장치를
장착하려 하고 있다.

이는 질문기를 통하여 암호화된 코드를 무선으로 확인하고자
하는 표적을 향하여 송신하고 표적에서 응답한 무선코드를 분석하
여 피아식별을 수행한 후 조준경과 전시기에 피아식별 결과를 표
시하는 원리를 이용하는 것으로 미국은 BCIS(Battlefield Combat
Identification System)를 NATO는 BIFF(Battlefield Identification Fri-
end or Foe)를 운용하고 있으나 연합작전을 위하여 상호연동되어
야 하겠다. 「그림 127」은 Leclerc전차에 설치되어 시험운용중인 피
아식별장치를 보여주고 있다.

[그림 127] 시험장비가 설치된 Leclerc 전차

112. 차량 전자화(베트로닉스 : Vetronics)란 ?

Vehicle electronics의 합성어로 Aviation electronics를 지칭하는 Avionics와 동일한 형태의 합성어로 항공장비 수준의 대량의 전자장비를 지상장비에 장착했다는 의미를 갖는다.

베트로닉스는 기존의 전기적 연결에서 탈피하여 전자관련 구성품간의 네트워크를 구성하여 정보를 공유할 수 있도록 함으로서 모든 전자장비 구성품간의 인터페이스 및 운용자 인터페이스를 실현하도록 설계한 것으로 표준화를 통하여 하나의 통합된 시스템으로 구성되어 있다.

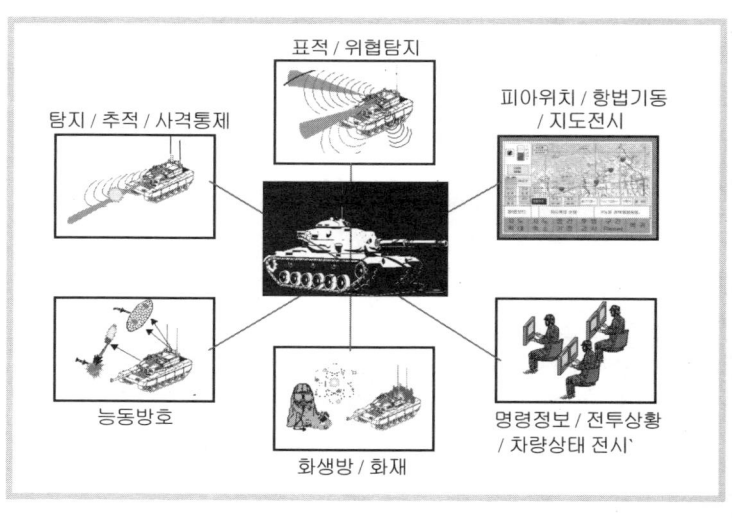

표적 / 위협탐지

피아위치 / 항법기동 / 지도전시

탐지 / 추적 / 사격통제

능동방호

화생방 / 화재

명령정보 / 전투상황 / 차량상태 전시

[그림 128] 차량전자화 개념

「그림 128」은 차량전자화 개념을 나타낸 것으로 표적 및 위협 탐지, 능동방호, 탐지/추적/ 사격통제, 피아위치/항법기동/지도전시, 화생방/화재 등에 필요한 주요 전자장비들이 주컴퓨터를 통해 전시기, 통제판 및 키보드와 연결되어 각종 전투정보들이 실시간 자동 처리되며, 정보처리 내용은 승무원의 전시기를 통해 전달되고, 각 승무원은 전시기 및 통제판을 통해 전차를 운용함으로서 전투를 수행하게 된다. 이러한 차량전자화를 기반으로 디지털 지휘통제장치가 구축됨으로서 전차내 승무원간, 전차간 원활한 정보통신이 가능하여 개개 전차의 전투수행범위 확대 및 전차 제대별 통합 전투력 발휘가 가능하다. 즉 항법기동에 의한 자기위치, 탐색에 의한 적/장애물 위치 등이 데이터 통신을 통하여 신속 정확하게 보고되고 인접전차간 상호정보공유 등으로 전투능력이 향상된다.

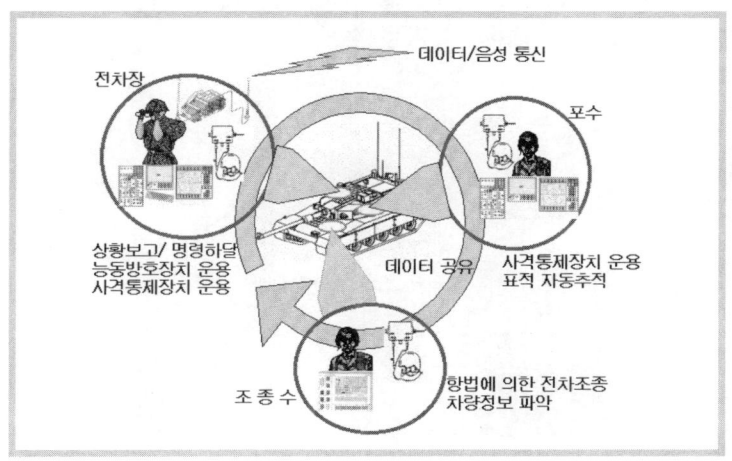

[그림 129] 차내정보 시스템

또한, 전차간 데이터 통신수단인 무전기가 전시기와 연결되어 수신결과가 전시기로 실시간으로 표시되어 급변하는 전투상황에 대하여 정확한 인식이 가능하여 전투수행능력을 향상시킨다.

미국은 SAVA(Standard Army Vetronics Architecture) 계획에 의해 차량과 탑승자간의 인터페이스 최적화, 디지털 전장관리 상황하에서 실시간 전투, 고속 데이터처리 프로세서 및 고속 데이터전송 버스 표준화를 추진하고 있으며 M1A2 및 SEP에 적용하고 있다.

영국은 VERDI(Vetronics Research Development Initiative)에 의해 전자시스템을 통합하여 승무원간 환경을 공유하고 지도/항법/전술 정보를 전시하여 승무원이 전장상황에서 효과적인 운용이 가능한 지에 대한 시험을 진행하고 있다.

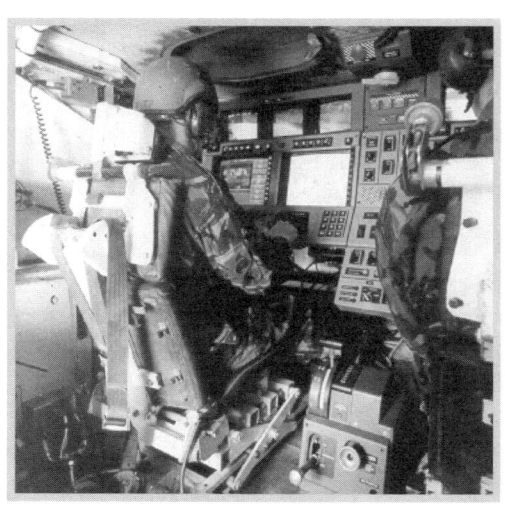

[그림 130] 시험중인 차량 전자화(영국)

113. IVIS란 ?

현대전에서 실시간 정보공유는 전투의 승패를 좌·우 할 수 있는 중요한 요소가 되었다. 만약, 동일한 전투력을 가지고 있더라도 우월한 정보에 의해 적의 위협이 약한 부분의 적에 대해서는 소수의 병력으로 적을 고착하고, 원하는 방향에 전투력을 집중한다면 적에 대해 상대적인 전투력 우위를 나타낼 수 있다.

이러한 실시간 정보공유는 IVIS에 의해 가능해 졌는데 이는 Inter-vehicular Information System의 약어로 전차의 진행방향, 좌표에 의한 위치정보를 제공하며, 부가하여 문자와 그래픽의 두 가지 방법으로 메시지를 제공한다. M1A2에 장착되어 있으며, 이 장치를 사용함으로서 지휘자(관)이 예하부대로 작전정보를 신속히 하달할 수 있으며 예하부대간 또는 전차간 횡적인 디지털 통신을 사용함으로서 각종 정보를 실시간에 공유할 수 있다.

114. 플라스틱 전차란 ?

신문에 자주 등장하는 플라스틱 전차는 우리가 흔히 생각하는 주변의 플라스틱을 이야기하는 것이 아니고 방탄헬멧 등에 사용하는 복합소재를 말한다. 이러한 복합재는 전차 전체에 사용하기보다는 차체나, 포탑 일부분에 사용하고 있으며 차체나 포탑전체에 사용하기 위해 연구가 진행 중에 있지만, 60톤을 상회하는 현대의 주력전차 전체에 복합재를 적용하는 것은 불가능할 것으로 판단되며 장갑차의 Upper Hull 전체, Lower Hull의 일부는 제작되어 시험운용 중에 있다. 이러한 복합재를 사용함으로서 얻을 수 있는 이점은 내부식성이 우수해 장비의 수명을 연장시키고, 중량을 줄일 수 있으며, 현대전에서 중요시되는 스텔스 기능을 향상시킬 수 있다. 전차도 일반차량처럼 중량을 줄임으로 해서 많은 경제적 이익을 얻을 수 있는데 연비, 각종 잡유류 치환주기의 연장, 궤도 수명연장 등의 장점을 가지고 있고, 전술적으로 항공기에 의한 수송의 용이성 등의 장점을 가지고 있다. 따라서 각국은 전차의 경량화에 관심을 기울이고 있으나 완전한 의미에서 주력전차를 플라스틱으로 제작하는 것은 불가능(경전차는 가능하리라 판단됨)하다고 하겠다. 참고적으로 복합재는 장갑판에 사용되는 알루미늄합금에 비해 밀도가 56% 가벼워, 통상 전체 무게를 17%를 감소시킬 수 있는 것으로 알려져 있다.

[그림 131] E-glass로 제작된 24톤 중량의 ACAVP(영국)

115. 전차에 스텔스기능이 필요한가 ?

항공기와 함정처럼 전차에 스텔스 기술을 적용하려 하고 있다. 독일은 NGP(Neue Gepanzerte Plattformen : New Armored Plat-forms) 프로그램을 통해 Leopard 2 전차에 기초한 EGS(Experiment-alwannegesamtschutz) 2인용 스텔스 전차를 선 보인적이 있으며 영

국은 스텔스형상의 정찰차량을 개발하여 IDEX[23] 1997에서 공개한 바 있다.

[그림 132] EGS 스텔스 시범장치(독일)

전차에 스텔스 기술을 적용하는 것은 항공기나 함정처럼 레이다에 의해 탐지되는 것을 방지하기 위해 레이다파 흡수 코팅제를 바르는 개념이 아니라, 적의 지능탄에 탐지되기 쉬운 전차에서 나오는 신호, 열을 차단하는 소극적인 개념으로 이해하는 것이 바람직하다.

116. 전차는 지상전에서 무적의 무기인가 ?

전차는 전투에서 만능의 전투병기는 아니며 장·단점을 가지고 있다. 따라서 전차를 운용하는 측은 장점을 극대화하고 단점을 최소화하려는 노력을, 방자는 반대적인 입장에서 전차를 운용하여야 하며 다음과 같은 장·단점을 가지고 있다.

---

23) International Defence Exhibition & Conference

가. 전차의 능력(장점)

장갑으로 보호된 차체 및 포탑은 소화기, 박격포, 야포사격과 화생방무기로부터 승무원과 화기 및 통신장비를 방호한다. 이러한 장갑보호 요소 외에 생존성을 향상시키기 위하여 형상(Silhouette, 모양), 차체높이, 차내 배치, 소화시스템, 연료 및 유압유의 인화성 및 승무원의 탈출장치 등이 고려되어 설계가 되기 때문에 전차는 어느 지상무기 보다도 전장에서의 안전도가 높다.

⇧ [그림 133] 사격중인 전차   ⇩ [그림 134] 기동중인 K-1전차

화력면에서 전차포 및 부무장으로 2~3정의 기관총을 장착하고 있어 전차, 자동화기, 벙커 등을 무력화시킬 수 있다. 기동력면에서 전차는 일반차량이 통과할 수 없는 야지를 신속히 통과할 수 있다. 이러한 기동력은 요구하는 시간과 장소에 요망되는 전투력을 신속히 이동시킬 수 있어 기습달성을 가능케 하고 신속한 집중과 핵전하에서 요구되는 전투구대의 신속한 소산을 가능케 한다.

나. 전차의 제한사항

전차의 중량은 늪지대나 교량통행에 제한을 받으며, 전차가 밀폐되었을 때 승무원은 시계의 제한을 받는다. 전차의 크기는 쉽게 표적이 될 수 있을 뿐만 아니라 삼림지역 혹은 기타 협소한 지형에서 활동이 제한된다.

[그림 135] 철조망지대에 봉착한 M1A1전차

지형 및 기상의 영향을 받으며 전차의 엔진 및 궤도의 소음은 한 대의 전차라도 적 정면에서 탐지 당하지 않고 이동하기는 어렵다. 이러한 전차의 소음은 주간에는 2~3km, 야간에는 6~8km까지 들릴 수 있으나 이는 항공기 폭격 및 요란사격효과를 활용함으로서 극복할 수 있다. 전차의 계속적인 기동을 위해 충분한 정비와 연료, 윤활유, 예비 부속품 및 탄약이 재보급 되어야 한다.

117. 계열이란 용어는 언제 사용하나 ?

전차가 개발되면 그 개발된 장비를 모체로 부분적인 성능개량을 실시할 경우 모델번호에 A(Advanced)를 첨부해 나가는 것을 계열(Series)이라 표현한다.

한국의 경우 M48A2C, M48A3K, M48A5K의 장비를 운용하고 있는데 이 장비 모두를 M-48계열 전차라 칭한다. 여기서 K는 한국을 나타내는 표현으로 한국에서 부분적인 개조를 했다는 뜻이 된다. 이러한 계열전차를 유지함으로서 새로운 전차를 개발하는 부담을 줄이고, 기술이 발전함에 따라 초기전차에 반영하지 못한 사양들을 추가 장착함으로서 타 전차와의 성능수준을 유지할 수 있다.

1985년부터 양산되기 시작한 K-1전차의 경우 북한에 신형전차가 추가 도입됨에 따라 이에 효과적으로 대응하기 위하여 K-1전차를 성능개량한 K1A1전차를 2001년에 야전에 배치하였는데, 이때 K1A1전차를 K-1 계열전차라 칭한다.

미국도 M-1 계열을 성능개량한 M1A2 SEP(System Enhancement Program) 사업을 2009년까지 진행하며 이 전차 비율은 사업이 종료될 시 전체 전차의 17%를 차지할 것으로 보인다. 혹자는 모든 전차를 신형으로 구비하는 것이 바람직하지 않느냐는 의견이 있는데, 예산의 효율적인 집행을 위해서 High Low Mix라는 개념하에 신형과 구형장비를 적정 비율로 유지하는 것이 바람직하다.

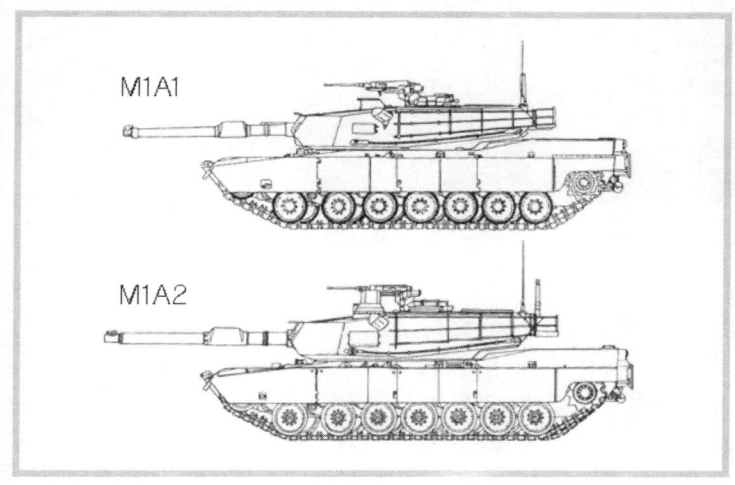

[그림 136] M1계열인 M1A1과 M1A2

118. XK-1, XM-1이란 전차가 존재하나 ?

전차에 관련된 서적을 보면 XK-1, XM-1이라 표시된 전차가 있다. 여기서 X는 Experimental(시험용)의 약자로 시제, 혹은 시험평가용 전차라고 이해하면 되겠다. 전차는 최초부터 야전에 배치되는 것이 아니고 시험평가를 거쳐야 되기 때문에 시험용장비가 필요하다.

[그림 137] 전시중인 K-1전차

이 시험용 장비를 이용하여 장비가 야전에서 원활한 성능을 유지할 수 있겠는가를 판단하고 군의 요구사항을 충족시키고, 설계시 잘못된 부분이 없는가, 야전에서 좀더 운용하기 편리하도록 설계에 반영할 부분이 없는가를 판단하게 된다. 이를 통해 보완된 전차를 야전에 배치하게 되며, 이때 시험용 전차는 임무를 종결하고 통상 공공장소에 전시되는 역할을 한다.

119. 전차의 해치를 닫게되면 외부를 어떻게 관측하나 ?

관측경(Periscope)을 통해 외부를 관측한다. 관측경은 일종의 잠망경과 같은 장치로 외부를 관측하지만 전차 높이와 관측경의 시계 범위에 의해 시계사각이 발생하게 된다. 이는 전차가 가지고 있는 제한사항중의 하나로 이를 극복하기 위해 보병의 지원이나 전차간 상호 협조하에 기동을 실시한다.

[그림 138] K-1전차에 장착된 조종수 잠망경

120. 전차내 승무원간 또는 전차간에 의사소통 방법은 ?

통상 전차는 다른 차량과는 무전으로, 그리고 전차내 승무원간에는 인터컴으로 통화한다. 또한 전차에 따라 보병과 협동작전을 위해 보병과 통화할 수 있도록 차체 후부에 보병용 전화기를 부착하고 있다. 통상 전차는 엔진소음으로 인해 전차내에서 뿐만 아니라 전차 상호간에 육성통화가 불가능하고, 이동하면서 임무를 수행하기 때문에 대부분 무선통신에 의존한다. 무선통신은 적의 전파방해나 도청 같은 전자전에 취약하기 때문에게 요즘은 주파수 도약방식의 무전기를 사용하고, 데이터통신을 추가하여 대량의 통신이 가능하도록 발전되고 있다.

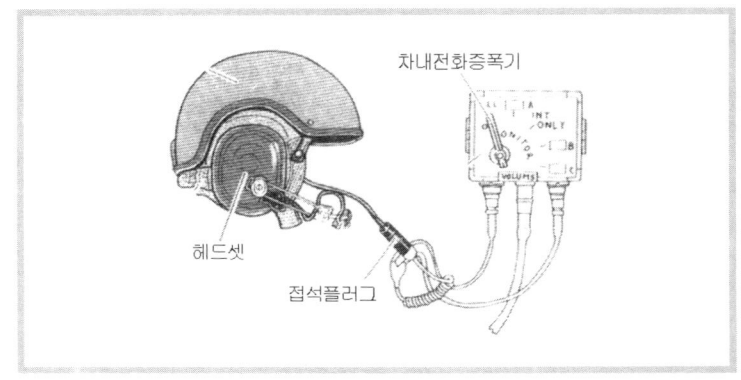

[그림 139] 전차승무원 송수화장구

121. 전차승무원의 복장은 일반전투원의 복장과 다른가 ?

전차승무원 복장은 초기에는 단순한 군복으로서의 요소가 컸으나 최근에는 전투기능을 중시하게 되어 승무원복이 시스템화 되어가고 있다. 승무원 복장도 전차의 개발과 함께 이루어져 있으며 좁은 차내에서 조작에 지장이 없도록 옷의 돌출부를 없애고 긴급 구출시 밖에서 쉽게 끄집어 낼 수 있도록 하기 위해 목부분에 벨트를 부착하였다. 내열성 재료를 사용하고 있으며 한대, 온대 그리고 사막용과 같이 작전지역에 맞게끔 복장을 갖추고 있다. 또 전차내부에서 행동시 머리보호를 위해 미국은 헬멧(방탄성 없음), 소련은 가죽제품의 모자, 한국도 헬멧을 착용하여 머리보호와 송수신을 할 수 있도록 하고 있다.

122. 전차가 피탄 되었을 때 어떻게 조치하는가 ?

전차가 전차탄에 명중되어 관통되었더라도 대파되지 않아 사격 통제장치, 기동관련 부품에 고장이 없다면 통상 전투에 재투입된다.

[그림 140] K-1 구난전차

만약 손상을 입었더라도 신속하게 전투에 재투입하기 위해 부품과 장갑을 모듈화하는 추세이며, 장갑의 경우에도 이스라엘 MK-3전차는 장갑방호 50%이상을 대체 가능한 Bolt-On Panel 형태로 장착하고 있다.

전투시 피해 받은 전차를 신속히 전투에 재투입하는 것은 매우 중요한 것으로서 신속한 재투입을 위해 평상시 승무원에게 정비능력을 부여하기 위한 정비교육을 실시하며, 정비를 담당하는 정비과를 편제에 반영하여 운영중이다. 정비를 위해 주요부품을 예비로 확보하고 있고, 고중량 장비의 정비를 용이하기 위하여 구난전차라는 장비를 운용중이다. 이러한 구난전차는 통상 주력전차의 차체를 사용하며 엔진교환작업을 위한 붐 사용, 예비엔진 운반, 전차견인 등의 임무를 수행한다. 참고로 회수차라고 사용되어진 문헌이 많은데 군에서는 이를 구난전차라고 명칭한다.

123. 전차의 수명은 ?

통상 기동장비의 수명을 20년 정도로 보고 있지만 각국의 상황에 따라 유동적으로 운용하기도 한다. 그러나 이 말은 야전 배치후 20년 동안 계속 사용한다는 이야기는 아니며 일정 기간 후 창정비(완전분해후 정비)를 하기 때문에 일정한 성능을 유지할 수 있다. 나라에 따라서 전차운용 기간 중에 전차를 부분적으로 개조하여 성능개량하여 사용하기도 한다.

현재 한국은 M-47, M48A2C, M48A3K, M48A5K, M48A5, K-1, K1A1을 운용하고 있으며 수명주기를 초과한 전차를 점차 도태시킬 계획이다.

124. 한국의 전차 보유과정은 ?

한국은 휴전직전 기갑병의 훈련과 양성을 목적으로 1953년 5월 15일[24] 기갑학교를 창설하였으며, 휴전 후 M47 전차를 도입하기 시작하였으며 1961년도 해병대에 M47 전차를 마지막으로 배치하였고, 이어서 1960년대부터 M48 전차를 보유하기 시작하였다.

전차 보유 수량이 어느 정도 충족된 1970년대 초에 들어서 구형 전차의 운용, 정비, 수리수요가 증대되어 전차정비창을 설립(1975. 11.11)하는 한편, 구형전차를 유지하고 대미 의존도에서 탈피하고 대북한 위협에 대처하기 위하여 독자적인 기술력에 의한 고유전차의 보유가 요구됨에 따라 국내전차개발의 계기가 되었다.

시대별 장비배치시기는 다음과 같다.

M36(1951.10.1)

M4A3E8(1954.7.1)

M47(1954.7.24)

M48A1(1967.4.15)

---

24) 이날을 기갑병과 창설일로 제정하여 기념하고 있음

M48A2C(1972.10.10)   M48A3K(1979.2.10)

M48A5K(1978)   K1(1986)

K1A1(2001)

125. 북한의 전차 보유과정은 ?

북한은 동구권 계열의 전차를 가지고 있으며 한국이 K-1전차를 장비하기 이전까지 한국에 비해 우세한 기갑전력을 구비한 것으로 판단되었으나, 현재는 상대적으로 노후화 된 장비를 가지고 있어 기갑전력은 한국이 월등히 우세한 것으로 판단된다.

다음 표는 북한의 년도별 장비와 특징을 보여주고 있다.

[표 16] 북한의 전차

전차명 생산년도	외 형	특 징	비 고 (북한도입년도)
T-34 (1944)		• 주포 : 85㎜ • 제2차 세계대전시 소련군 기본형 ※ 한국전쟁시 북한군 사용	1948 ※ 북한 주둔 소련군으로부 터 인수
T-54 (1949)		• 주포 : 100㎜ • T-34 엔진개조	1964
T-55 (1958)		• T-54와 유사 • 주포에 소염기 장착	
T-59		• T-54와 유사 • 중국(구 중공)에서 개량	1971 중국으로부터 도입
T-62 (1961)		• 주포 : 115㎜ 활강포 • T-55개량 동구권의 주력전차 • 중동전에서 사용 ※ 1980년대 북한군의 주력전차	1977
T-72 (1971)		• 주포 : 125㎜ 활강포 • 자동장전장치 • T-64의 장점 모방 ※ 이 전차의 북한 개량모델 : 천마호	1983

126. K-1전차는 국산전차인가 ?

어느 장비에 대한 기술수준이 낙후한 경우 최초에는 장비를 수입해 역설계하거나 기술제휴나 부품을 도입하여 장비를 생산하게 된다. 1세대전차도 설계하지 못한 나라에서 세계적인 전차를 만든다는 것은 불가능한 일이라 해도 과언이 아닐 것이다. 많은 사람들은 무에서 유를 창조하기를 바라지만 그렇게 하기 위해서는 많은 시간과 재원이 투입되어야 한다. 기술이 부족하고 시간과 재원이 제한된 상태에서 지금은 새로운 전차를 자체 설계할 수 있는 능력을 구비했다면, 한국의 대표적 지상무기인 K-1전차를 기초로 기술적 독립을 이룩함으로서 타국과의 불평등 계약 없이 세계적 수준의 전차를 개발할 수 있다면 이를 어떻게 받아들여야 할까? 세계 9번째 전차생산국이 되기 위해, 그 당시 최고수준의 K-1전차를 만들기 위해 얼마나 많은 사람들의 피와 땀이 필요했는지 그들의 입장에서 생각해 보는 여유가 필요한 것 같다.

그리고 시장 규모가 작은 한국적 여건에서 K-1전차는 지상무기 중 대 북한 우위 기갑전력을 유지하는데 일익을 담당했음을 잊지 말아야 할 것이다(필자 사견임을 밝힙니다).

※ 참고 자료

- 쉽게 풀어 쓴 지상무기체계 원리, 육군본부, 2002
- 이대진, 복합재를 이용한 보병전투차량의 구조 경량화 설계방안, 군사과학대학원, 1999
- 한상철, 한기상, 세계 각국 전차 소개 CD, 현대정공 기술연구소, 1999
- 유승식, 21세기의 주력병기, (주)군사정보, pp206~207, 1998
- 컴벳암즈, (주)리딩매니아, pp3~11, 1997년 10월호
- Military World, (주)군사정보, pp136~139, 2000년 3월호
- Military Science 2000 NO VII, 21세기 군사전술과학 연구소
- M1 Abrams Laser Rangefinder Thermal Imaging System, Hughes, 1993
- M1A2 Fightability Defined, General Dynamics, 1993
- 세계의 주력전차와 장갑전투차량, 육군본부, 팜플레트 45-111,1984
- 소부대 전투사례, 전투병과학교 기갑학부
- 현대전의 실제
- 국방기술정보 98. 8. 8P

- 국방기술정보 98. 6. 42P
- 국방기술정보 98. 5. 76P
- 국방기술정보 98. 5. 50P
- 국방기술정보 98. 1. 13P
- 국방과 기술 00. 12. 85P
- 국방기술정보 98. 4. 56P
- 국방기술정보 98. 7. 38P
- 국방기술정보 98. 8. 52P
- 국방기술정보 99. 8. 23P
- 국방기술정보 99. 12. 8P
- 국방기술정보 00. 3. 6P
- 국방기술정보 98. 2. 10P
- 국방기술정보 98. 7. 66P
- 국방기술정보 98. 3. 40P
- 국방과 기술 00. 12. 77P
- 국방기술정보 98. 4. 15P
- 국방기술정보 98. 11. 6P
- 국방기술정보 98. 7. 39P
- 국방기술정보 98. 5. 63P
- 국방기술정보 99. 1. 5P
- 국방기술정보 00. 3. 4P
- 국방기술정보 00. 1. 43P
- 야전교범 17-7 전차소대
- 야전교범 17-32 전차중대
- 야전교범 17-33 전차대대
- 야전교범 17-30 기갑여단
- 야전교범 17-95 기갑수색대대
- 대도해, 최신병기 전투매뉴얼, 군사정보,
- 국방기술동향, 전투차량용 디젤엔진의 발전추세, 1994
- 전차기술, 현대정공(주) 기술연구소, 청원사, 1997
- Theory Of Ground Vehicles
- Theory Of Land Locomotion
- 전차장갑의 발전추세, 국방과학연구소, 윤석수외 2명, 1994.3
- 전차포, 포탄 및 탄도기술분석, 국방과학연구소, 금동정 외 2명, 1994

- 지능화탄약(체계 및 구성 기술 개발 동향), 국방과학연구소, 2000. 7
- http://www.weapon-data.pe.kr
- http://ww2.introcom.net/~military/maus.htm
- http://www.janes.com
- http://www.milparade.com
- http://www.jdw.com

처음 시작할 때는 그저 자료를 정리한다는 단순한 생각에서 시작했는데 시간이 갈수록 자료가 부족하다는 것을 느끼면서 그만둘까하는 생각을 여러 번 했었다. 그럴 때마다 전차에 대해 좀더 체계적이고 쉽게 설명된 책이 없다는 것이 나를 포기하지 못하게 했다.

본래 미국위탁 교육전에 발간을 끝내려 했는데, 우여곡절 끝에 이제야 발간하게 되었고, 귀국 후 초안을 다시 읽어보니 출국 전 발간되지 않았던 것이 다행이라 생각할 정도로 미진한 부분을 많이 발견하였다.

미국에서 서점을 다니면서 사진 한 장을 얻기 위해 책을 사기도 하고, 미군 친구에게 부탁해 추가적인 자료를 보강하였다. 아쉽게도 평소 알고 싶었던 "전차 피탄시 승무원의 위치별 살상율, 관통부위 등"을 포함하지 못해 아쉬움이 남는다.

이 책에 대한 반응이 좋으면 장갑차, 대전차무기, 소총·기관총에 대해서도 준비할 작정이다.

끝으로 이러한 책이 나오기까지 주위에서 많은 도움을 주신 육군본부 전력개발단의 단장님, 처장님, 과장님과 형님처럼 편안하신 송중령님, 스캔작업과 그림을 그려주느라 고생한 아이 둘 엄마 김정화씨, 졸필의 오탈자를 찾느라 고생한 팀원들, 국과연 전차체계실 정창모, 석호동, 전방에서 작전장교 하느라 고생하는 김창환 소령, 뒤에서 묵묵히 후원해 주신 김건인 교수님께 깊은 감사를 드린다.

"내 시작은 미약하였으나 내 나중은 심히 창대하리라"라는 말을 위안 삼으면서 보다 나은 미래를 생각해 본다.

1992년 봄 M1 시제전차 앞에서(패튼박물관, Fort.Knox,(미 기갑학교), 켄터키)

저자약력

• **이대진**

- 육사 43기 임관
- 소대장, 중대장, 작전장교
- 기계화학교 전술학처 교관
- 고등군사반, 육군대학
- 미 기갑학교 고등군사반
- 군사과학대학원 이공석사

- 육군본부 무기체계사업단 기갑기술장교
- 국방과학연구소 전차체계실 파견근무
- 미국 군수관리대학 사업관리과정 수료
- **PMP 취득**
- 현 육군본부 전력개발 관리단 기술관리처 근무

```
┌──────────────────────────────────┐
│   문답으로 이해하는 전차이야기   │
└──────────────────────────────────┘
```

초판 1쇄 인쇄 / 2003년 5월 23일
초판 1쇄 발행 / 2003년 5월 29일

저   자 / 이대진
펴 낸 이 / 이정수
펴 낸 곳 / 연경문화사
등록번호 / 1-995호
주   소 / (110-450) 서울시 종로구
            연지동1-24 원석빌딩(2F)
대표전화 / (02)3675-1471
팩시밀리 / (02)745-2494
이 메 일 / ykmedia@korea.com

값 10,000원
ISBN 89-8298-064-4   (03390)